智慧·经典励志丛书

智慧锦囊全集

徐庆 主编

北京师范大学出版集团
安徽大学出版社

图书在版编目(CIP)数据

智慧锦囊全集 / 徐庆编. -- 合肥 : 安徽大学出版社, 2011.10
(智慧·经典励志丛书丛书)
ISBN 978-7-5664-0328-5
Ⅰ. ①智… Ⅱ. ①李… Ⅲ. ①人际关系－通俗读物
Ⅳ. ①B821-49

中国版本图书馆 CIP 数据核字(2011)第 209820 号

智慧·经典励志丛书

智慧锦囊全集　　徐庆 主编

出版发行　安徽大学出版社
　　　　　(合肥市肥西路 3 号　邮编 230039)
印　　刷　合肥瑞丰印务有限公司
经　　销　全国新华书店
开　　本　710mm×1000mm　1/16
印　　张　11.75
版　　次　2012 年 8 月第 1 版
印　　次　2022 年 1 月第 2 次印刷
定　　价　36.00 元
ISBN　978-7-5664-0328-5

前言

当今之世，要想成为一个成功者，必须精通做人做事的谋略。但大多数人不得其真谛，以道听途说为学问，以使巧弄诈为智慧。实践表明，要追求大成功就要有真正的智慧——大智慧。

人生充满着挑战，在挑战中追求人生的成功，是一种实现生命价值的至高境界。然而，在这个世界上，大多数人只知道羡慕别人的成功，而轻视了自己的能力。其实，人生的成功不能等待着别人的施舍和神灵的恩赐。命运在自己手中把握着，成功必须靠你自己去努力开创。而机遇并不好把握，它总是悄悄地降临到你的身边，如果你稍不留心，它就会翩然而去。因而，你应该学会用一颗热情的心对待生活，用一种智慧的眼光去发现机遇。只有这样，你才能够寻找到一把开启成功之门的钥匙。

本书荟萃人生事业的成功智慧、使你幸福的生活智慧，融汇成《智慧·励志经典丛书》大智慧。一篇篇蕴涵着生活和成功智慧的文章，犹如幸福人生的智慧锦囊，读后掩卷沉思，顿时让你看透人生的迷雾，洞察世事，练达人情，懂得成功之道，每天都有好心情和好状态。

本书将教你如何成功地做人做事，如何保持好的心情和状态。书中理论精辟，取材广泛，故事生动，说理透彻，涵盖了与人交往、方圆处世、诚实做人、精明做事等内容。人生不总是风和日丽、事事顺心，当你在困惑失意的圈子里迷转流浪时，希望这本书能够给你智慧的点拨，使你重获信心和勇气。生活中忙碌的你需要心灵的小憩，更需要成功智慧的方法与捷径，而本书则恰似成功者的圣经、好心情的当铺，品读这些励志文章，能够帮你把郁闷和不快抛到九霄云外，而把成功留下，让好心情永远伴你左右！

这些包涵人生智慧的励志文字，犹如轻抚心灵的缕缕清风，让你瞬间领悟人生的真谛，平淡对待得失，超然面对繁华；畅达时不张狂，挫折时不消沉。在人生的历练中涵养从容的定力，在潮起潮落的人生戏台上，举重若轻，游刃有余。

有《智慧·励志经典丛书》在手，它会为你指点迷津，让你成功的信心和勇气倍增，一生如踏马平川！

目 录

第一章 新的人生 新的生活

第二章 把好人脉 谨慎处世

第三章　快乐人生 善待自己

第四章　塑造形象 完善自我

第五章　坚持不懈 心态决定命运

第六章 放眼未来 懂得宽恕

第七章 心存感恩 慷慨助人

第一章

新的人生 新的生活

人生是一种承受,需要学会支撑。支撑事业,支撑家庭,甚至支撑起整个社会。有支撑就一定会有承受,支撑起多少重量,就要承受多大压力。从某种意义上说,生活本身就是一种承受。

勇于克服自己的弱点

《向你挑战》的作者廉·丹佛指出：普通人或多或少都有一些缺陷，但就能因此而自卑吗？当然不能，你应该努力弥补或回避自己的弱点。

希腊大政治家狄摩西尼是一个声音极弱、吐字不清，而又呼吸急促的人，“R”这个字母尤其是他说不清楚的，而他发音也非常不好。

传说他为克服这些齿唇上的缺憾，是这样做的：把石子含在嘴里练习，站在法利兰的海滨，想将波浪喊平静，向山上跑时便背诵，练习一口气念好几行字，站在镜子之前演讲，以矫正自己的姿势。当他站起来对大众演讲时，他的失败不止一次。第一次尝试时，他的语句都混乱了，于是听众都放声大笑。并且我们还听说，他躲进一个地洞，每天在里面练习他的声音和演说的姿势。后来，狄摩西尼终于成为伟大的演说家。

富兰克林之所以成为伟大的人物，原因之一也是因为他承认在演说上的弱点。他说：“我是一个很坏的演讲家，从来不能以词动人，在用词方面常常要踌躇很久，还难得用词恰当，然而我还是能够表达我的意思的。”

他用别种方法使人归服于他，以补偿他演说上的弱点。他提出议案多半用间接和缓的方法，他发表的意见也是平和的，他还能承认自己的错处。他的弱点告诉了他很重要的一点，那便是：只用辩论绝对得不到胜利。假使他是一个会演讲的人，也绝不会获得这个有价值的教训。

如果你决定要战胜一个困难、一个缺陷，首先要正确认识自己，然后你要能心甘情愿地、不断地干下去，以达到你的目的。

坏习惯是最顽固的敌人

一个伟大哲学家说过：“习惯真是一种顽强而巨大的力量，它可以主宰人生。”

奥格·曼狄诺指出：“健康和富足都是习惯的产物。”他讲过这样一个故事：

有两个人，一个体弱的富翁，一个健康的穷汉。两人相互羡慕着对方。

富翁为了得到健康,乐意出让他的财富;穷汉为了成为富翁,愿意舍弃健康。

一位闻名世界的外科医生发现了人脑交换的方法。富翁赶紧提出要和穷汉交换脑袋。其结果,富翁会变穷,但能得到健康的身体;穷汉会富有,但将病魔缠身。

手术成功了。穷汉成为富翁,富翁变成了穷汉。

但不久,成了穷汉的富翁由于有了强健的体魄,又有着成功的意识,渐渐地又积起了财富。可同时,他总是担忧着自己的健康,一感到轻微的不舒服便大惊小怪。由于他总是那样担惊受怕,久而久之,他那极好的身体又回到原来那多病的状态,或者说,他又回到了以前那种富有却体弱的状况中。

那么,那位新富翁又怎么样呢?

他总算有了钱,但身体孱弱。然而,他总是忘不了自己是个穷汉,有着失败的意识。他不想用换脑得来的钱去创造一种新生活,而不断地把钱浪费在无用的投资里,应了"老鼠不留隔夜食"这句老话。

钱不久便挥霍殆尽,他又变成原来的穷汉。然而,由于他无忧无虑,换脑时带来的疾病也不知不觉地消失了。他又像以前那样有了一副健康的身子骨。

最后,两人都回到了原来的模样。

现在,你就要努力开始学习如何去对付一个最顽固的敌人——你的坏习惯。下面要谈的就是摆脱这些坏习惯的方法。你不妨手中拿一支笔,把自己认为最有意义、最有启发的句子记下来,然后再身体力行。

改变自己的坏习惯

《获取成功的精神因素》的作者克莱门特·斯通指出,我们虽有很多弱点,但我们并不是弱者。树立积极心态,将使我们很快地摆脱消极心理的阴影,成为一个快乐的强者!

高山滑雪是人与环境以及时间的竞赛。每当我们看到输赢之间只有极短的时差时,就会不禁摇头同情那些输家。

第一名的时间是 1 分 37 秒 22。

第二名的时间是 1 分 37 秒 25。

也就是说，冠军与输家之间，只差 0.03 秒，连眨眼的时间都不够。

到底冠军与输家之间有什么不同呢？运气？也许是。但也许冠军多下了一点点功夫，多花了一点点时间。也许冠军肯下功夫对付自己的坏习惯，直到把它从自己的行为中戒除掉。这样，他在高山滑雪时少用了一点点时间，而这就足以使他成功。

你是否也有一些坏习惯呢？它们是什么？是拖拉、放纵、懒惰、邋遢、坏脾气、缺乏毅力，还是其他？

只要这些不良习惯存在，你就不可能有太大长进。

当你看到美元票面上的华盛顿的肖像时，看着他白色卷发映衬下那平静、自信、显示着自控能力的面庞时，你能想象出他年轻时曾有一头红发，脾气火暴吗？

要是他没有学会靠自控力改变自己的坏习惯，那恐怕就无法叱咤风云、率领没有受过训练的民兵战胜乔治王的军队，恐怕也不会成为美国第一任总统。

本杰明·富兰克林大概算得上美国历史上最有影响力的伟人了，他博学多才，是科学家、作家、发明家、画家和哲学家，他还自修法文、西班牙文、意大利文、拉丁文，并引导美国走上独立之路。

但是，就连富兰克林也有不好的习惯，与众不同的是，他有想方设法改变它们的决心。他不愧是一个发明家，他为自己制定了一个戒除恶习的妙方：首先，列出获得成功的必不可少的 13 个条件：节制、沉默、秩序、果断、节俭、勤奋、诚恳、公正、中庸、清洁、平静、纯洁、谦逊。

在那本不朽的自传中，他提及了使用这个妙方的方法："我打算获得这 13 种美德，并养成习惯。为了不致分散精力，我不指望一下子全部做到，而要逐一进行，直到我能拥有全部美德为止。"

他的秘方中，有一点借鉴了毕达哥拉斯的忠告，那就是"每个人都应该每日反省"。于是他设计了第一套成功记录表："我制作了一个小册子，每一个美德占去一页，画好格子，在反省时若发现有当天未达到的地方，就用笔作个记号。"

妙方对这位伟人起了什么样的作用呢？

当富兰克林 79 岁时，用整整 15 页纸，特别记叙了他的这一项伟大发明，因为他认为自己一切成功与幸福受益于此。

富兰克林在自传中写道："我希望我的子孙后代能效仿这种方式，有所受益。"

要具备自我约束的能力

《圣经》上说："务要谨守，儆醒。因为你们的仇敌魔鬼，如同吼叫的狮子，遍地游行，寻找可吞吃的人。你们要用坚固的信心抵挡它。"这就要求我们在生活中注意保持克制，学会约束自己。

对于自由与克制，倘若你高尚地加以选择，则二者都是好的；反之，二者都是坏的。然而，必须强调一下，在这两者之中，凡可显示高级动物的特性而又能改造低级动物的，还是克制。而且，上至天使的职责，下至昆虫的劳作，从星体的均衡到灰尘的引力，一切生物、事物的权力和荣耀，都归于其服从的能力而非自由的本能。太阳是不自由的，枯叶却自由得很；人体各部分没有自由，整体却很和谐；相反，如果各部分都有了自由，就势必导致整体的溃散。

目标是前途，也是约束。为了实现目标，也许你必须干一些自己不想干的事，放弃一些自己深深迷恋的事，这样就感到了一定的"约束"。但是，为了生活，为了目标，为了成功，我们不能试图摆脱一切"约束"，而是应该在"约束"的引导下，一步步沿着既定的目标，稳步前进。

巴尔塔萨·格拉西安说："首先控制你自己然后你才能控制别的人。"无法控制自己的人，将永远无法控制别人。一个人一旦失去了自制，不管是什么人，都会轻易被击败，这也许是一条铁的定律。控制自己不是一件非常容易的事情，因为我们每个人心中永远存在着理智与感情的斗争。自我控制、自我约束也就是要一个人按理智判断行事，克服追求一时感情满足的本能愿望。一个真正具有自我约束能力的人，即使在情绪非常激动时，也是能够控制情绪的。

自我约束表现为一种感情的自我控制。自由并非来自做自己高兴做的事，或者采取不顾一切的态度。自己来战胜自己的感情，证明自己有控制自己命运的能力。如果任凭感情支配自己的行动，那便使自己成为感情的奴隶。一个人，没有比被自己的感情所奴役而更不自由的事了。

我们每个人都在通过努力做使自己生活更有意义的事，并且在向着未来的目标奋进。但是，生活在现实的世界中，我们绝不应该仅使今天感到愉快而丝毫不顾及明天可能发生的后果。我们的感情大都容易倾向于获得暂时的满足，所以，我们要善于做好自我约束。必须注意的是，那些让人暂时满足的事，通常就是对我们长期的健康、快乐和成功最有害的事情。因此，在追求一种有意义的生活时，我们应当努力预测自己所从事的事情对将来可能引发的后果。

不论你现在如何享受目前的生活，深谋远虑总会有益于你考虑未来。那些总是失败的人一再强调"我没有另外的选择，我不得不这样"，而实际上是因为他们不愿付出短期不自由的代价去换取享受长期的更大的报偿。一个没有养成自我约束习惯的人，可能反复地屈从于一种诱惑而去做不该做的事，这种错误的后果甚至严重到能影响一个人一生的成败。

要具备自我约束的能力，必须不断地分析自己的行动可能带来的长期后果；同时必须不屈不挠地为了长期的最大利益的决定而行动。

同样的努力，有人成功了，有人则失败了。他们可能都知道成功的途径，但他们之间的一个主要不同在于，成功者总是告诫自己去做正确的事情，而不成功的人总是容忍自己的感情占上风。一个人如果没有养成自我约束的习惯，就可能付出高昂的代价。

每一个人都必须具有自我约束的能力，不让别人或无关的事情拉你脱离轨道，时刻保持头脑不受种种杂念的干扰。我们必须养成一种摒弃对创造性过程没有好处的东西的习惯。任何职业都一样，也就是说，自我约束是通向成功的必经之路。

想成功就要自律

《神奇的情感力量》的作者罗伊·加恩说："自律是修身立志成大事者必须具备的能力和条件，希望每个人都能做到自律！"

从本质上讲，自律就是你被迫行动前，有勇气自动去做你必须做的事情。自律往往和你不愿做却不得不做的事情相联系。"律"既然是规范，当然是因为有行为会越出这个规范。比如，刷牙洗脸是每天必须要做的事情，但是有一天，你回到家时筋疲力尽，如果你倒床就睡，这就是放纵自己的行为;如果你克服身体上的疲惫,坚持进行洗漱,这是你自律的表现。人们往往会遇到一些让自己讨厌或使行动受阻挠的事情,在这种情况下,你就应该克服情绪的干扰,接受考验。

罗伊·加恩指出,自律的方式,一般来说有两种:一是去做应该做而不想做的事情;一是不做不应做而自己想做的事情。比如,你每天早晨坚持锻炼身体,某一天天气特别寒冷,你不想冒着寒冷继续坚持,但是你最终还是走出家门,继续锻炼,这就属于前者;后者的表现如,你喜欢抽烟,但到了无烟室,你必须强忍住内心的欲望而不抽烟。

一般情况下,自律和意志是紧密相连的,意志薄弱者,自律能力较差;意志顽强者,自律能力较强。加强自律也就是磨炼意志的过程。

自律对于个人的事业发挥着重要的作用,加强自律有助于磨砺心志,有助于良好品性的形成,最终走向成功。

自律是在行动中形成的,也只能在行动中体现,除此之外,再没有别的途径。梦想自己变成一个自律的人就会变成一个自律的人吗?靠读几本关于自律的书就能成为一个自律的人吗?只是不停地自我检讨就能成为一个自律的人吗?答案都是否定的。

自律的养成是一个长期的过程,不是一朝一夕的事情。因此,要自律,首先就得勇敢面对来自各方面的一次次挑战,不要轻易地放纵自己,哪怕它只是一件微不足道的事情。

自律,同时也需要主动,它不是受迫于环境或他人而采取的行为;而是在被迫之前就采取的行为。前提条件是自觉自愿地去做。

在日常生活中,你可以时时提醒自己并有意识地培养自律精神。比如,针对你自身性格上的某一缺点或不良习惯,限定一个时间集中纠正,效果比较好。

千万不要纵容自己,给自己找借口。对自己严格一点儿,时间长了,自律便成为一种习惯、一种生活方式,你的人格和智慧也会因此变得更完美。

努力克服怠惰

一心想着享乐,又为享乐找借口,这就是怠惰。人类不只是为自己活着的,他们得有活着的责任。既然要担负责任,就不能有怠惰的心理。怠惰的人，往往是什么事都干不成的人。做什么事情，都要有心，都要付出劳动，天底下没有不劳而获那种便宜事。

怠惰能让人有片刻的享受，能让人暂时摆脱劳动的苦累。但须知的是，怠惰带来了片刻欢乐，换来的却是长久的痛苦。为了一时的享乐而不能获得劳动的收获，这是很糟糕的。怠惰换来的享乐是暂时的，是昙花一现的东西，只有经过顽强的拼搏得来的收获，才能给你恒久的欢乐。我们知道，就一个人的身体来说，生命在于运动，也就是说，人的身体本身要求人不断地活动、不断地运动、不断地劳动。否则，即使你的心理吃得消，你的身体也会吃不消。怠惰的人，终日泡在享乐场所，或者干脆睡大觉，长此以往，人会发胖，四体不勤，一些随之而来的疾病如高血脂、脑血栓等都会侵袭你。

那么，该怎么克服怠惰的习惯呢？《向你挑战》的作者廉·丹佛为我们提出了如下建议：

1.要成功，就得勤奋工作，就得积极行动。

须知，机会来自于积极的努力，它从不自动上门。有些人以为只要想想，机会就会降临，说什么“只有想不到，没有做不到”。这其实是误区，是要不得的，其结果是很糟糕的。

为了事业或学业的成功，你必须知道：一个成功者，每天必须做些什么。如果你去了解那些成功的人，那么，他们会告诉你，成功来自于坚持不懈的努力工作。

成功的人，比起一般的人来，一定更吃得起苦、更努力、更勤奋，而且，他们也做得比别人多。

如果他是一位成功的科学家，那么，在取得成功的过程中，他一定付出了艰苦的劳动，他一定经过了无数次的失败。没有一个成功的人例外，没有不付出艰辛劳动而能取得的成功。

如果你每天无所事事，怠惰不思进取，那么，面对他们，你一定会惭愧不已。

2.要成功，就要时时抓住现在，而不是寄希望于将来。

有的人，厌烦于某事的时候，就想着“明天再做”；而到了明天，他又想着“明天再做”。

做什么事情，一定要立即去做，不要拖延，不要把应该立即完成的事情拖到以后。

其实，拖延正是怠惰的典型表现。要立即行动，不要拖延。

3.成功不是一蹴而就的，成功靠积累，靠循序渐进。

别小看一个小小的行动，一次小小的进展，它关系着以后的大成功，它是以后的大成功的一个必要步骤。

怠惰的人想："现在这样做，有什么意义？又看不到成功。"他不知道，成功就是由这些"看不到成功"的要素构成的。记住：春天播种，夏季耕耘，秋天才有收获。

避免犯愚蠢的错误

史蒂芬·马克是个有成就的人。毕业于哈佛大学的他，36岁时已成为福克斯电视台和福克斯新闻处的总裁。但某年夏天，马克的事业忽然翻船。原因是他抢了上司的风头，使上司大失面子，于是被通知"下岗"了。为什么像史蒂芬·马克这样的聪明人会干这样的蠢事？搞清聪明人为什么会犯自毁前途的错误，有助我们避免重蹈覆辙，更顺利地实现自己的人生目标。以下是《从失败到成功的销售经验》的作者弗兰克·贝特格归纳的聪明人干蠢事的几点原因：

1.骄傲自大。

"聪明人总是比一般人多知道些事情，"纽约市洛克斐勒集团的副总裁布兰丹·塞克斯顿说，"因此很容易就会以为自己无所不知。"

1906年，有人揭发名校史丹福大学要纳税人负担一些与政府研究工作无关的开支，例如买了一艘22米长的游艇以及为大学校长唐纳德·肯尼迪的新夫人举行了一个欢迎酒会。可是肯尼迪不认错，他承认曾用公费支付一些"间接研究费用"，包括购买餐巾、桌布以及在他住宅里举行一次晚宴的开支。他还说："我甚至可以理直气壮地说，这屋里每一朵花都应该用间接研究费用来购买。"

肯尼迪用这种狂妄态度处理这宗引起公愤的事，结果是自掘坟墓。史丹福大学里一个熟悉内幕的人说："他似乎认为他做的每一件事都是完全正当的——因为是他做的。"不到几个月，肯尼迪就被迫宣布辞去校长职务。

2.孤立无援。

一个人如果特别聪明，那么他会从小就容易离群孤立。聪明的少年会觉得自己和其他儿童格格不入，于是很自然地会物以类聚，只和别的聪明少年交往。这种现象也会在公司里发生。

“聪明人多半只喜欢和其他聪明人在一起，”美国高峰通讯公司的执行总裁詹姆斯·韦斯利说，”那本来是好事，可是，当这些人开始利用聪明，排斥经验，大事就不妙了。”

危险之一就是不愿意承认有改变的需要。“当一班聪明人一致同意了一个计划，”韦斯利说，“他们会对这个计划坚持到底，即使其他人都已看到方向错误，他们也不会回头。”

不久前，万国商业机器公司就发生了一个这样的例子。几十年来，这家公司在电脑产业中一直独霸一方。后来，大型电脑的市场开始衰退，消费者转为需要较小、较便宜的系统。然而，万国商业机器公司的经理阶层没有料到这场革命的步伐那么快速。结果如何？该公司在两年里共亏损了78亿美元，创下了空前纪录，被迫要大量裁员。

要和别人合作顺利，听取别人的意见是非常重要的。可是，有些聪明人因为不耐烦思维比他们慢的人，所以不愿听取别人的意见。

某国际公司总裁说：“这种不耐烦，可能是危险的陷阱。”

一个规模庞大的饮品制造公司的市场推广主管聪明又能干，但是他负责推销的一种新饮品在市场上反应冷淡。后来，他的上司发现他的下属曾向他提出许多忠告，但他一概置之不理。他的解释是：“无能的主管才会听下属的意见。”他的事业不久就走了下坡路。

3.不顾后果。

聪明人脑子里总是在想：“我的下一个高招……” 由于他们老是觉得自己无所不知，这些聪明人都喜欢用“高”招，结果往往是聪明反被聪明误，就像前美国参议员加利·赫特那样。赫特曾获纽约时报“当代美国政界最有智慧的人之一”的荣誉。1987年初，他竞选民主党总统候选人，声望极高。当时有传言说他有婚外情，他于是向新闻记者提出挑战：“跟踪我吧。”他们真的去跟踪他，结果发现他和29岁的模特儿当娜·莱斯在一起。一张小报刊出了赫特在游艇上把莱斯抱在怀里的照片后，赫特想成为总统的美梦随即破灭了。这是他自己不顾后果的结果。

4.过分好胜。

许多聪明人都不了解一个简单的事实:在这方面胜人一筹,并不等于在另一方面一定能成功。

哈佛商学院毕业生维克托·奇亚姆利用电视广告推销他的雷明登产品,赚了好几百万美元。1988年,奇亚姆收购了职业足球队——"新英格兰爱国者"队。可是,经营一支正在挣扎求存的足球队和推销电动刮胡刀完全是两回事,他不久就亏损惨重。到奇亚姆把球队出让的时候,他已经损失了几百万美元。

许多有杰出成就的聪明人都会从这些大错中取得教训。他们愿意听取别人的意见,不会目空一切。他们积极征求下属的建议,知道自己的弱点在哪里。

美国的萨姆·沃尔顿是一位商界奇才,把一家卖廉价商品的铺子发展成为有资产550亿美元的华尔市场集团。他的成功之道是不把自己关在总部里面。他常常坐他自己的飞机到全国巡视分店,听取"合作者"的意见,甚至向顾客赠送巧克力花生糖。

沃尔顿的谦虚是他成功的另一因素。这会令竞争者低估了他,而他的雇员则觉得什么都可以对他说。"我们并不是精明过人,但我们肯改革。"沃尔顿去世前不久曾这样说。我们只需相信这句话的后半句。

哈罗德·丁克尔在39年教书生涯中发现,进入社会后取得杰出成就的学生,几乎没有一个是从前在学校里成绩最优异的学生。其中一个原因是那些聪明学生会犯愚蠢的错误而自毁前程,还有一个更重要的原因是:那些成功的人知道,如果你只是第二名,就要加倍努力。

树立积极的心态

积极的心态会使一个人感到幸福和人生的意义。如果此时你正为自己处于情绪的低谷而悲哀,如果你还为自己的胆小卑怯而烦恼,那么,你不如将这些让人恼怒的性格丢到一旁,重新培养自己的积极心态。《思考与致富》的作者拿破仑·希尔指出,积极的心态可以通过以下7个步骤培养:

1.重塑心中的偶像,使自己的言行像你心目中所希望的那样。

积极心态的培养与行动密切相关,没有行动,任何想法都是空谈。你心目中的偶像可以是一个人,也可以是一类人;可以是具体的,也可以是抽象的。在你的头脑中树立一个积极乐观的形象,在做任何行动的时候,告诉自己,所做的事必须与心目中的形象相一致。

2.把自己看成胜利者。

大多数人遇到令人沮丧的事情时,整个身心都沉浸在痛苦之中。如果此时你对自己大声地叫一声:“我不是失败者,我是以后的胜利者!”你的精神将为之一振,立即兴奋起来。

3.学会用美好的心情去感染别人。

每个人都希望得到灿烂的阳光,一旦你带着快乐的心情去和别人交往,快乐也能传递给别人,这样的连锁反应既能让自己感觉到快乐,也能让别人变得快乐。没有人愿意成天和“苦菜花”呆在一块儿。尝试着改变自己的心情,当你用微笑告诉别人你的心情时,别人同样会以微笑回报你。

4.学会给予和奉献。

给予和奉献是人类的一种美德,但你想到过给予和奉献会激发你的热情吗?给予和奉献能够体现一个人的道德品质,也能体现一个人的社会价值。同时,给予和奉献能带给人愉快的心情。不知道你有没有这样的体会,每当你帮助别人时,自己的心情也会变得愉快。

5.心怀感激。

生活中多一份抱怨就多一份烦恼,当我们以一种感激的心情环视我们周围的人和事,心也放得很宽。有一位哲人曾说过,在这个世上,没有任何人应该为你做什么事。不要因为别人的过失指责别人,宽恕别人也等于安慰自己。

6.不要经常说消极的话。

经常抱怨的人总喜欢说一些“我真累”、“我真痛苦”、“我好郁闷”之类的话,这些消极的话会磨损你的自信和激情。

7.学会自我激励。

当你胆怯的时候,学会给自己打气,“别害怕,一定会冲过去”;当你遭遇失败的时候,告诉自己,“别灰心,胜利最终属于我”;当你犹豫不决时,给自己强行下一个命令,“拿出你的魄力,别再磨磨蹭蹭的!”自我激励是一个持续的过程,我们必须要坚持到底。

热情是世界上最大的财富

很久以前，美国费城的6个高中生向他们仰慕已久的一位博学多才的牧师请求："先生,您肯教我们读书吗?我们想上大学,可是我们没钱。我们中学快毕业了,有了一定的学识,您肯教教我们吗？"

这位牧师名叫R·康惠尔,他答应教这6个贫家子弟。同时他又暗自思忖："一定还会有许多年轻人没钱上大学,他们想学习但付不起学费。我应该为这样的年轻人办一所大学。"

于是，他开始为筹建大学募捐。当时建一所大学大概要花150万美元。

康惠尔四处奔走,在各地演讲了5年,恳求大家为出身贫穷但有志于学的年轻人捐钱。出乎他意料的是,5年的辛苦筹募到的钱还不足1000美元。

康惠尔深感悲伤,情绪低落。当他走向教堂准备做礼拜的演说词时,低头沉思的他发现教室周围的草枯黄得东倒西歪。他便问园丁："为什么这里的草长得不如其他地方的草呢？"

园丁抬起头来望着牧师回答说："噢，我猜想你觉得这地方的草长得不好,主要是因为你把这些草和别的草相比较的缘故。我们常常是看到别人美丽的草地,希望别人的草地就是我们自己的,却很少去整治自家的草地。"

园丁的一席话使康惠尔恍然大悟。他跑进教堂开始撰写演讲稿。他在演讲稿中指出："我们大家往往是让时间在等待观望中白白流逝，却没有努力工作使事情朝着我们希望的方向发展。"

不要由于没有成功,就责备这个世界不够完美,这是可笑与可鄙的。你要像所有成功者那样拥有热情并付出努力，把你的心放在你所想要的东西上,使你的心远离你所不想要的东西。

《最伟大的力量》的作者马丁·科尔指出,热情是世界上最大的财富。它的潜在价值远远超过金钱与权势。热情能摧毁偏见与敌意、摒弃懒惰、扫除障碍。热情是行动的信仰,有了这种信仰,我们就会无往不胜。

黑格尔说："没有热情,世界上没有一件伟大的事能完成。"美国的《管理世界》杂志曾进行过一项调查，他们采访了两组人，第一组是高水平的人事经理和高级管理人员，第二组是商业学校的毕业生。

他们询问这两组人，什么品质最能帮助一个人获得成功？两组人的共同回答是"热情"。

热情高于事业，就像火柴高于汽油。一桶再纯的汽油，如果没有一根小小的火柴将它点燃，无论它质量再怎么好也不会发出半点光，放出一丝热。而热情就像火柴，它能把你具备的多项能力和优势充分地发挥出来，给你的事业带来巨大的成功。

试想，一个没有热情的领导，整天无精打采，没有丝毫的朝气，那么，他的职员也会因此而失去工作的兴趣。当大部分职员都没了工作热情时，领导再怎么努力地去工作也会于事无补，只能眼睁睁地看着自己的单位垮掉。有许多出色的领导者，都是凭着一股对事业的执著与热情，历尽艰辛，最后才取得成功的。

马丁·科尔曾经说过："要成就一项伟大的事业，你必须具备一种原动力——热情。"

英国的乔治·埃尔伯特指出，所谓热情，就是像发电机一般能使电灯发光、机器运转的一种能量，它能驱动人、引导人奔向光明的前程，能激励人去唤醒沉睡的潜能、才干和活力，它是一股朝着目标前进的动力，也是从心灵内部迸发出来的一种能量。

蒸汽火车头为了随时产生动力，即使停放在车库中时，也必须不断加燃料，让锅炉中的煤炭始终处于燃烧状态。人也同样如此，他必须始终保持着旺盛的热情。甘·巴拉曾说过："虽然任何人都会拥有热情，所不同的是，有人的热情只能维持 30 分钟，有人的热情能够保持 30 天，但是一个成功的人，热情却能持续 30 年。"

当你的脚踩上加速器时，汽车便会马上产生一股动力，向前行驶。而热情也应如此。因此，你必须牢记：热情是动力，思想是加速器，而你的心就是加油站。

增强热心，培养热忱

一个人若只有一点点热情是远远不够的，还需要增强热心。那么，怎样才能增强热心呢？弗兰克·贝特格推荐的以下几个步骤值得尝试：

1.深入了解每个问题。

多年来，贝特格对于现代画一直没有好感，认为它只是由许多乱七八糟的线条所构成的图画而已。直到经一个内行的朋友开导以后，他才恍然大悟："说实在的，有了进一步的了解后，我才发现它真的那么有趣，那么吸引人。"

贝特格发现，想要对什么事热心，先要学习更多你目前尚不热心的事。了解得越多，越容易培养兴趣。

所以，下次你不得不做什么时，一定要应用这项原则；发现自己不耐烦时，也要想到这个原则。只有进一步了解事情的真相，才会挖掘出自己的兴趣。

2.做事要充满热忱。

你热心不热心或有没有兴趣，都会很自然地在你的行动上表现出来，没有办法隐瞒。跟某个人握手时要紧紧地握住对方的手说："我很荣幸能认识你"或"我很高兴再见到你"。如果是那种畏畏缩缩的握手方式，真的还不如不握，因为它只能使人觉得"这家伙死气沉沉，半死不活。"要想找出以这种方式握手的成功人士，不知要等到何年何月。

另外，微笑也要活泼一点，眼睛要配合你的微笑才好。当你对别人说"谢谢"的时候，也要真心实意地说。

你的谈话要生动。著名的语言学权威班得尔博士，在他的一本书《如何使你的谈吐高雅宜人》中说到："你说的'早安！'是不是让人觉得很舒服？你说的'恭喜你！'是不是出于真心呢？你说'你好吗？'时的语气是不是让人很高兴呢？一旦当你说话时能自然而然渗入真诚的情感，就已经拥有引人注意的良好能力了。"

贝特格指出，说话自信的人都会受到欢迎。当你说的话有活力时，你自己也会变得很有活力。请你试试看，大声地说："我今天很痛快！"说话时是不是感觉比先前更舒服一点呢？你必须时时刻刻活泼有力才能成功。

3.传播好消息。

我们都曾在不同场合遇到某人说："我有一个好消息。"这时所有的人都停下手里的工作望着他，等他说出来。好消息除了引人注意以外，还可以引起别人的好感，引起大家的热心与干劲，甚至能帮助消化，使你胃口大开。

因为传播坏消息的人比传播好消息的要多，所以你千万要了解这一点:散布坏消息的人永远得不到朋友的欢心,也永远一事无成。

每天回家时尽量把好消息带给家人共享，告诉他们今天所有的好消息。尽量讨论有趣的事情,同时把不愉快的事情抛在脑后。也就是说,尽量传递好消息。

贝特格建议我们,要把好消息告诉你的同事。要多多鼓励他们,每一个场合都要夸奖他们,把公司里积极的事情告诉他们。

优秀的推销员是善于发布好消息的,他们每个月都去拜访顾客,并且经常把好消息带给顾客们。

我们总认为银行董事长都是些顽固不化的冷血动物，他们是典型的“晴天借伞”的那种人。不过我倒认识一个与众不同的银行董事长。他回答电话的方式别具一格:“早安！这个世界真不错。我有没有机会借钱给你呢？”你可能会认为这种说法没有银行家的派头,但他就是美国东南部最大的银行——南方市民银行的董事长密尔·霍尼先生。

4.培养“你很重要”的态度。

每一个人,无论他在印度还是在美国中西部或印第安纳,无论他默默无闻还是身世显赫,文明或野蛮,年轻还是年老,都有成为重要人物的愿望。而这个愿望是人类最强烈、最迫切的目标。

精明的广告商都了解“人人都希望获得名誉地位以及被人认可”。杰出的推销广告常常出现这一类的说法:“精明的少妇都使用……”;“鉴赏力高超的人士都会使用……”;“想成为人人羡慕的对象就要使用……”;“专为那些被妇女羡慕、被男士欣赏的贵妇而准备的……。”这些标题都在不断地告诉大家,购买这项产品就会进入上流社会,使你感到心满意足,因此值得你去购买。

只要满足别人的这项心愿,使他们觉得自己重要,你很快就会踏上成功的坦途。它的确是“成功百宝箱”里的一件宝贝。这种做法虽然简单,但懂得使用的人很少。

现在,我们来看看在生活上到底应该怎么做。大多数人把思想从学术研究转到实际生活时,往往会忘记“个人的重要性”这个观念。这时就请你注意人们的态度吧,这种态度仿佛在说:“你是无足轻重的人,是个无名小卒，你算老几？你的话一文不值，对我没有任何作用。”

“你不重要”的态度为什么会产生严重的后果呢？这是因为大部分的人在看到另一个人时往往会想：“你不能替我做什么，因此你很不重要。”事实上，无论任何人，不管他的身份、地位或薪水如何，都对你很重要，只要你让他们认为自己重要，他们就会卖力为你效劳。

贝特格在底特律生活时，每天早上都要搭乘公共汽车上班，有个司机是个脾气暴躁的大老粗。贝特格曾多次见过这位司机加快油门，扬长而去，根本不理会只差2秒钟就可以赶上的乘客。但是这位司机对一位乘客特别关照，任何时候都会等他上车。

这是为什么呢？因为这个乘客总是想办法使那位司机觉得自己很重要。他每天早上都会跟司机打个招呼，说声：“早安，先生！”有时他会坐在司机旁边，说些无关痛痒的但却使司机觉得自己很重要的话。

培养“你很重要”的态度吧，别人会因此而热情许多。

5.强迫自己采取热忱的行动。

深入发掘你的题目，研究它、学习它，尽量搜集有关它的资料。这样坚持做下去，就会不知不觉地使你变得更为热忱。

热忱是什么？热忱就是将内心的感觉表现到外面来，让我们把重点放在促使人们谈论他们最感兴趣的事上来。如果我们做到这一点，说话的人就会像呼吸一样地不自觉地表现出生机。

大教育家兼心理学家威廉·瓦特确信并证实：感情是不受理智立即支配的，不过它们总是受行动的立即支配。

所以，要学习运用这样一个自我激发的原则：“要变得热忱，行动须热忱。”并让这个自我激发原则深入到潜意识中去。那么，当你在创造过程中精神不振的时候，这个原则就会闪入到你的意识心神中，时机到来，就会激励你采取热忱的行动，变消极为积极，焕发精神，“现在就做”。

找到引发你热情的“火种”

《爱的能力》的作者艾伦·弗罗姆指出，从某一个角度上考察，世上有两种人：一种是生来就对一切都不起劲的，他们活着就是为过日子，至于为什么要过日子，他们是不去理解、不去追究的；另一种人是对一些事情很认真，很希望自己的生命不要浪费的人。造成这种差别的原因在哪里？归结一下，有没有热情是关键。

有些人比较坚强，他们自己既是燃料，又是火种。他们可以很容易地把自己燃烧起来，发出光和热。而另一些人却不然，他们自己是燃料，有发出光和热的可能性，但是，他们自己不是火种，只是木柴或煤块，需要有火种把他们点燃，然后，他们才可以生热发光而产生力量。绝大多数的人都需要火种把自己引燃，而自己却缺少使自己燃烧的力量。于是，有无"火种"就成为一些人成功与否的条件：找得到火种，他才可以燃烧；找不到火种，他就永远只是一堆冷硬的木柴或煤块。

所幸的是"火种"并不难得，它们可能是，一本有启发性的书，一部电影，一个好朋友的几句话，一位好老师的指引，一次愉快的旅行，一段神圣纯洁的恋爱或一些意外的刺激。这些，都可能在适当的时机，引发一个人对学问或事业的热情与冲力，使他由静态的等待，变为动态的钻研与追求，给他一种勇往直前的力量。

这引发热情的"火种"可能自动地来，但多数需要我们自己去找。不要放弃任何一个可以挖掘自己潜力的机会，这是成功的一大要诀。

奥格·曼狄诺指出："我们每个人都可以是生活的艺术家。活出热情的意义就是找到你爱做的事，然后全力以赴。不管你是否能得到金钱上的回报，你都得坚持到底，这便是热情生活的最好方法。当你从事热爱的事业时，自然会精力充沛、信心十足。每个人都在用自己的方式活出热情，有些人等着自然的召唤，有些人已经承担着'大任'，有些人没什么热情，只希望生活中有一两件刺激的事就够了，那么生命只是一个逐渐衰退的过程；另一些人则喜欢无限的狂热激情，当他们完成一个目标时，觉得自己全身都被热情包围了。就像快乐生活是多种方式一样，活出自己的热情也可以从不同的方法开始，发现自己的热情与兴趣所在是你一生的工作。无论你的目标是什么，你喜欢的事物会使你全神贯注，你的热情会如流水般扩散出去。"

多做有益的工作

《圣经》上有这样一句话："若有人不肯做工，就不可吃饭。"

经常做有益的事对于一个人的幸福和快乐是十分必要的。无论多么美好的东西,人们只有付出相应的劳动和汗水,才能懂得这美好的东西是多么的来之不易,才会愈加珍惜它,人们才能从这种“拥有”中享受到快乐和幸福,这是一条万古不易的真理。即使是一份悠闲,如果不是通过自己的努力得来的,它也不会甜美。不是用自己的劳动和汗水换来的东西,你没有为它付出代价,你就不配享用它。

一个无所事事的人,是不可能得到真正幸福的。生活就是劳动,劳动就是生活。热爱自己的工作、尊重劳动是保持良好品德的前提条件。只有热爱工作、尊重劳动,才能抵御各种卑劣思想、腐朽思想的侵蚀,才能抵抗各种低级趣味的引诱。

早期的基督教牧师都以亲自参加各种辛苦的体力劳动为荣。圣保罗主张:“不劳动者不得食。”他一辈子都靠双手的辛勤劳作来养活自己,他为自己这样活着而感到荣幸,为自己没有欠下别人的一分钱而骄傲。当垒·波尼法斯到达英国之后,他一只手拿着福音书,另一只手拿着木匠用的尺子。后来,他又从英国辗转到了德国,他还是靠自己的木工手艺吃饭。路德也是,他一生干过许多活计,如园艺、建筑、车工和钟表制造等等。无论干什么,他都极其勤勉,他总是凭自己的劳动去获取面包。

经常而习惯地去做一些有益的事对于一个人的幸福和快乐是十分必要的。一旦离开这种有益于身心的劳动,女人们就会百无聊赖、无精打采,进而会头昏眼花,久而久之,身体自然会垮下来。卡罗林·伯瑟斯曾经用心良苦地告诫刚结婚的女儿路易莎,提醒她千万别向懒惰和无聊让步。“当孩子们外出度半天假的时候,”她说,“我自己也像白天的猫头鹰一样,无精打采、神思恍惚,年轻的妻子多多少少会感到有些单调、无聊、厌倦,但千万不要陷进这种状态之中。战胜无聊和苦闷的最好办法就是勤奋地工作,满怀信心地劳动,一个人一旦参加劳动,快乐自然就会来到他的身边,无聊和单调的感觉就会逃之夭夭。勤奋地工作,愉快地劳动,总是去做有益的事情。懒惰是魔鬼为所有大人物和小人物设置的陷阱,一旦掉入这个陷阱中,就等于落到了恶魔的手中。这是你祖父说的,这确实是至理名言。”

那些形成了工作习惯的人总是闲不住,懒惰对他们来说是无法忍受的痛苦。即使情势所迫,他们不得不终止自己早已习惯了的工作,他们也会立即去从事其他工作。那些勤劳的人们总是很快就找到了新的工作,因为他们无法忍受闲暇带来的痛苦。

确实有很多工作是非常单调沉闷的,如果工作太重也会令人痛苦。然而,假使工作在数量上并不过多的话,即使是单调的工作对于大多数人来说也比无所事事要好。

许多不得不从事的工作本身并没有多大乐趣,但仍然包含着一些好处。首先,无需做重大的决定,工作便可以让一个人消磨掉一天中的好多时间。有许多人,当他们可以随心所欲地安排自己的时间时,竟然想不出有哪些快乐的事值得一做。不管他们决定做什么,他们总感到一定有其他某种更快乐的事可做,这使他们非常苦恼。罗素指出:“能够自觉而明智地充实空闲时间是文明的最后产物,但是目前还很少有人能达到这个程度。”另外,进行选择本身也是很烦人的。除了特别富于创造性的人以外,多数人都喜欢由别人布置一天的工作,只要这命令不是太令人不快就行。许多有闲暇的富人有一种说不出来的烦闷,有时他们可以在非洲追捕猛兽,或者乘飞机环游世界,从中找到轻松的感觉。但这种感觉是有限的,特别在青春逝去以后。

因而,工作首先是作为一种解除烦闷的手段而被人们称道的。一个人在从事必要的、但不怎么有趣的工作时,也会感到烦闷,但这种烦闷比起他整天无所事事的感受来,就不值得一提了。除此以外,工作还有一个好处,那就是它使得节假日格外愉快。一个平日工作的人很可能比一个无所事事的人更能够在空闲时间里找到乐趣。

此外,工作还给人获取成功和展露雄心的机会。在许多工作中,衡量成功的尺度是收入。人们想增加自己收入的愿望,其实就是想获得成功的愿望,想以较多的收入来获得舒适心情的愿望。无论工作本身是多么索然无味,如果它能成为获得声誉的手段,它就会变得可以忍受,不管这声誉是世界性的,还是自己小圈子里的,声誉所带来的幸福,对大多数人来说,主要是在工作过程中得到的。

当工作充满了乐趣时,它所能给予的满足比仅仅是逃避烦闷的工作所带来的满足要大得多。使工作变得有趣的因素主要有两个:一是技能的运用;二是建设性的想法。比如,一个能在飞机上表演特技的人,哪怕冒着生命的危险,也会在表演中获得极大的快乐,而从一种伟大的建设性事业的成功中获得的满足,是生活能够提供的最大快乐。

以饱满的激情持续地工作

在当今喧嚣混杂的大环境里要想出类拔萃，关键在于合理发挥你的精力和控制情绪的能力，更准确地说，是一种培养并保持稳定心态的能力。处于这种状态下的你工作起来热情洋溢,注意力也高度集中。也许你并不认为这种能力是一种商业技巧，但是很少有别的东西能对你的工作表现产生更大的影响。

《向你挑战》的作者廉·丹佛发现,如果遵循以下 7 个步骤,将改变你的心理和生理状况,使你能够以健康饱满、情趣盎然的心态持续工作。

1.掌握你的心智。

首先要保持与你的能力水平和情绪相协调的状态。随着当今社会“工作”的内涵逐渐扩展为“压力”和“骤变”,保持头脑清醒的技巧就在如何能够长时间高效工作这一问题上扮演着日益重要的角色了。

除非你能时时保持清醒的头脑，否则你就很可能被淹没在令人眼花缭乱的杂事堆中。增强你的自我意识,或者始终用清醒的头脑、明亮的眼睛观察你自己和所处的环境,这样,你便能充分发挥你的潜能、才华和灵感来对付所面临的挑战。

2.科学地安排饮食。

如果必要,要改善你的饮食习惯以保证最佳的精力和最高的效率。总的来说,合理的饮食将为你的身体和大脑提供高效运转所需要的燃料。仔细挑选合适的食物,不仅能帮助你抵御大小疾病的侵害,还能增强你机体的抵抗力并创造乐观向上的情绪。

3.锻炼可以使你工作得更好。

锻炼是另一种能够为你提供大量能量、信心、情绪控制力以及思维清晰度的行为。从短期效果来讲,锻炼会使你的身体和大脑有一种轻松的感觉,从而使你全身心重新活跃起来;从长期效果来看,锻炼会把你的身体调整到可以更有效地发挥体能的状态，并且还能使你对压力的反应更加迅速有效。此外,锻炼还能提高思维敏捷度,改善记忆力,增强你对外界的反应灵敏性,改善你的工作表现。总而言之,锻炼是多、快、好、省地去工作的重要保证。

4.消除紧张和疲劳。

将你的日程安排得科学合理,在其中保留若干休息时间,用来放松你的大脑神经,补充你的体力。身体和大脑工作时,始终伴随着能量消耗、恢复的过程,因此可以说,在你的工作日程中,有了这样一个休息的过程,会使你能够以更高的灵敏度和效率投入工作。

5.学会热爱"麻烦"。

即使面对棘手的难题、令人头痛的麻烦,或者是处在艰难困苦的境地,你仍可以控制你的情绪,正常发挥你的水平,并能从周围环境中寻找乐趣。当上述各种逆境到来之时,只有你自己才能知道该采取何种方式,你的能力有多大。幽默大师哈维·明迪斯博士说:"我认为,我们的生活,处在悲剧与喜剧之间,但是我们拥有选择喜剧性还是悲剧性的这种置身身外世界的自由,但我们常常对所拥有的这种自由认知不足。"

解决问题的关键不在于沮丧,而是面对逆境使自己振作起来,沉着应战。你不能有受挫、愤怒、埋怨或者自怜的反应,而应调动起全部的热情,把自己视作一个解决问题的行家,把挑战变为激励自己奋勇向前、敢于创新的动力。

6.将幽默带到工作中去。

为你注入热情,消除紧张,从而使你的情绪状态达到顶峰的方法是激活你的幽默感。幽默感是一种视困难为充满乐趣的挑战的精神,这是你能否有最佳工作表现的不可或缺的条件。幽默是人类的兴奋剂,有了它人们工作起来更加津津有味,也就更有效率。把幽默带到你的工作中去,将增加你对工作的理解,驱除紧张感,还能进一步使你富有洞察力和控制力。

你怎样才能"活得乐滋滋"呢?这不像改变你的食谱那么简单。但如果在你的周围摆放一些幽默材料——让你的办公室随处可见笑话、卡通画、幽默新闻图片以及电子邮件、滑稽图案等物品,以及积极主动地培养你从环境中随时随地体会幽默的能力,你就能够始终处于可获得最佳表现的精神状态之中。

7.创造激发潜能的环境。

为了养成健康的、积极的用脑习惯,你必须改变你的工作环境。把办公室用可爱的小玩意装扮起来,能提高你工作的兴趣。除此之外,以往成功的纪念物也可以增强人的信心。还有，你可以在办公室的家具摆设、装饰装潢、背景音乐以及布告牌方面做一些改变，以激活你的积极情绪，从而将你的工作地点变成一个刺激物的“聚居地”。

努力克服职业倦怠

我们经常听说要趁热打铁，这是很好的建议，但更好的建议是通过击打使铁变热。是的，毅力和努力都非常重要。任何一个成功者都会告诉你，每次的失败都将使你更靠近成功。这不是陈词滥调。努力工作，提高你的经验和技能，那么总有一天会获得成功。《神奇的情感力量》的作者罗伊·加恩指出：如果你永远没有成功，你仍然是个成就极大的人。因为你已知道你对正在从事的工作倾注了最大的努力。用这种态度对待生活，不懈地追求和奋斗，那么你成功的机会就很大。

我们遇到困难和挫折，对工作不再兴致勃勃时，就会产生职业倦怠。职业倦怠不是说来就来的，而是由日常工作中的挫折、焦虑、沮丧日积月累而成。丧失斗志的你对疾病的抵抗力减弱，睡眠总觉得不够，注意力也愈来愈不能集中，到最后干脆放弃尝试，什么也不在乎了，工作就会变得没有意义，人生也便没有什么价值可言。

想要赶走倦怠而变得兴致勃勃，说着容易做起来难，原因在于大多数人觉得为了工作有效率，他们必须有所激励，但是很少有人了解激励与工作表现是互为因果的。如果你能强迫自己努力工作，一旦成功达成一些初期的目标后，就会发现工作愈做愈有兴趣。

暂时把只会挑毛病的老板、难伺候的顾客、永远办不完的公事、薪资少、工作无聊和没人肯定自己等不快放在一旁。等你恢复工作意愿，更有能力接受挑战时，这些剥夺你信心和自制力的外力，就会等待接受你的挑战。

现在你最需要的是重新掌握你的人生，把过去这几个月或几年中耗尽的精力再找回来。下面是罗伊·加恩推荐的几个有用的方法：

1.先挑一个小目标。

最好先挑一个小目标，因为这样成功的机会比较大。事实上，你应该把自己设定在成功的位置上。所以，你的目标应该明确，可量化，并能在一定期间内完成。目标的达成可令你重拾信心,然后再朝下一个容易达成的小目标前进。

还有,达到目标时,一定要奖励自己(例如:捶捶背,暂停工作,休息一下,或到一家特别的餐厅用餐)。

2.控制压力因素。

当动物或者人类遇到威胁时,不外有下列两种反应:攻击或逃走。身为职业倦怠的受害者,你选择的是逃走,你一方面觉得无聊、沮丧、懒洋洋,另一方面又会感到压力不断升高,这让你疲惫不堪。

要减少压力,首先须找出焦虑根源,再采取必要步骤,以重新掌握你的人生。

3.找朋友帮忙。

尽管你可能不愿意这么做,但是当你产生倦怠时,朋友常能适时伸出援手。找你最信任的朋友,把所有感受和你的复原计划都告诉他们。如果他们真是你的知己,就会提醒你要善于运用你自己已遗忘的优秀品质,来增强你的自信。

他们也可能与你分享过去处理类似状况的经验,并供你参考。如果他们没有提供任何建议,不妨开口问他们。你的朋友会觉得受到重视,而你则会有更多意见可以参考,至于你们的友谊,就更加稳固了。

4.转移焦点。

你不一定要依照前人的方式来工作。时时提醒自己,你不是被雇来复制别人的行为,而是来解决问题的。找出问题,看看你是不是能想出不同的解决办法。也许这份工作的弹性比你想象的高,或许你可以把工作变得更适合你。

5.设定优先顺序。

把你的工作内容全部列成清单,然后把这些工作按"比较重要"、"重要"、"较不重要"分级。接下来再看看哪些"较不重要"的工作可以删除不做,或授权给更适合的人来做。再将"比较重要"及"重要"的工作排出先后顺序。不要死板地把"比较重要"的工作更为优先,把"重要"的工作摆在后面。开始可以从"比较重要"的工作做起,接下来就可挑一个喜欢的工作来做,而将后者视为完成第一项工作的奖励。

6.接受新的责任。

如果工作已经变得无聊,你大概就不再能获得什么挑战了。把因为删除或转移“较不重要”的工作而多出来的时间拿来从事职责之外或目前没有专人处理的工作,找一些对你有挑战而且你极有兴趣的工作来做,不要让别人捷足先登,而要适时向相关主管展现绩效。

7.继续工作。

许多专家建议面临职业倦怠的上班族辞去现有工作，另找一份更适合自己的工作;但是如果你得靠那份薪水养家糊口,就知道这个建议不是那么容易做到的了。就算你真的找到另一份工作,也无法保证它一定比目前的工作好。

比较合理、实际、负责的做法是,找出目前这个工作让你产生倦怠的原因,假使问题能加以改善,也许你就不需要另栖良枝了。当然,如果你已经换了另一个工作,那就努力避免类似问题的再度发生吧!

加倍珍视自己的爱

《圣经》上说:“生活中没有了爱,便失去了意义。”这里的“爱”,在很大程度上意味着“付出”和“奉献”。在现实生活中,不是每一个人都能把握好“爱”的。

有一次,美国著名成功学大师安东尼·罗宾乘飞机时坐在一个大学生旁边。那个大学生看上去似乎无所不知,可是在他们的交谈中,他每句话都带着“我”。最后罗宾说:“你知道在这500英里的空中旅程中,你讲了多少次‘我’吗？为什么不谈谈‘我们’呢？”

和他形成鲜明对比的是罗宾在芝加哥机场遇到的一个人。当时,大雪漫天，他们被困在那里已有两天了。有的人一天到晚地叫:“我要离开这里！我要去辛辛那提！”然而,这群人中却有一位妇女,她挨个走到带孩子的母亲面前说:“来,把孩子交给我吧！我要搞个幼儿园,给孩子讲有趣的故事,您可以借这个机会喝口水、上厕所或是买些东西吃。”

同样的场合,同样被风雪所困,为什么人们会有两种截然不同的态度呢?答案在于:他们是否有一个强烈的意识,一个为他人着想,努力使他人生活得更美好的意识。当你这样做了以后,你将会从中得到一种幸福和快乐。

在开始一天生活的时候应该提醒自己去爱他人，应该努力去发现世间美好的事物。那么，从外界的反映中，你将发现一个可爱的自我。假如在你即将离开人世的时候，身边没有一个人紧紧握着你的手，这说明你在一生中未曾伸出友爱之手去帮助他人。

学生们常来问牧师："你总是讲要为他人做些什么，这到底是什么意思？"

有一次，一个叫吉尔的男孩子问牧师："有什么可做的呢？"于是牧师把他带到离南加州大学不远的一个疗养院。面对那些躺在床上、两眼直视天花板的病人们，吉尔说："我对老年医学一无所知，到这里来做什么？"牧师对他讲："你看见那边有位太太吗？走过去说：'你好吗？'"

于是，他坐下来和她谈了起来。吉尔惊讶地发现，她的学识是那样的渊博，灵魂是那样的高尚。她对生活、对爱、对痛苦和不幸谈起来滔滔不绝，她甚至还谈到怎样努力以平静的心情去迎接死亡的来临。从此以后，吉尔向那位老太太及疗养院的其他人伸出了友爱的手，他们之间不断地发生着感人的故事。一天，牧师看见吉尔带着30多个老人往校园里走——他们是去看足球赛的。难道还有什么比这更令人激动的吗？

有什么可做的呢？看看你的周围吧！在你身旁就有一个孤独的人需要得到爱的温暖，还有个态度不好的女售货员需要引导和鼓励。这些不都是可以去做的吗？这些虽然不是惊天动地之举，可是做与不做却大不一样。

生活本身不是一个目标，而只是你走向某个目标的过程。目标的实现要靠一步一步地走，如果每一步都迈得扎实，这就意味着有意义的生活。

《爱的能力》的作者艾伦·弗罗姆指出，如果给"爱"下一个定义的话，唯一能够概括其全部含义的词就是生活。一旦失去了爱，也就失去了生活。请加倍珍视自己的爱，用行动去表达自己的爱吧！

在生活中付出你的爱

"待人要诚恳，要爱人类。"这句话不仅适用于健康人，即使身体有某些残障的人，也应该从中受到启示，尽快摆脱怨天尤人的阴影。

如果说一个人来到这个世界上就该抱怨这个世界不公的话，那么这个人非海伦·凯勒莫属。海伦出生的时候就耳聋、口哑和眼盲。她被剥夺了同她周围的人进行正常交往的能力，只有她的触觉能帮助她把手伸向别人,体验爱别人和被别人所爱的情感。

后来,一位伟大和富有爱心的家庭教师来到海伦家,以崇高的情感和洞察心灵的特殊技巧，把这位既聋又哑又盲的小女孩造就成一个充满幸福、快乐和闻名世界的女作家。海伦深情地写道:“任何人出于他那善良的心,说一句有益的话,发出一次愉快的笑,或者为别人铲平凹凸不平的路,这样的人就会感到他的欢乐是他身体极其亲密的一部分，以致使他终生去追求这种欢乐。”

海伦正是继承了她老师那种善良、乐观而高尚的东西并与他人一齐分享,从而使自己得到了更大、更多的快慰。因为你分享给别人的东西越多,你获得的东西就越多。你把爱和幸福分给别人,你得到的爱和幸福就会更多。

要想获得别人的友谊或感情,必须先不去担心别人是否喜欢我们,而是要用心去改善自己的态度,并塑造能让别人喜欢你的品质。

一个著名的女歌手曾经很生动地描述她早期的生活：她那时事业失败,整个人很不得志,几乎就要放弃唱歌。后来,凭借祷告和心灵的追求,她才逐渐恢复信心和勇气,准备继续为自己的事业奋斗下去。有一天,她兴致勃勃地向母亲说道:“我要唱下去!我要每个人都喜欢我,我要继续追求完美!”

母亲回答道:“很好！这是很好的志向。但是要知道,上帝以完美的形象来到这个世界上,却还是有人不喜欢他。人在成就伟大事业之前,先须学会谦卑。”

歌手听了,深受感动。因此决心在音乐造诣上“力求”完美,而不是“想要”完美。“谦卑先于伟大”——这是母亲给她的最好赠言。

作家荷马·克洛维,十分懂得交友之道。凡是碰到他的人,无论是清道夫、百万富翁还是妇孺老幼,都会在与他相处 15 分钟之内,对他产生好感。为什么呢?他既不年轻,又不英俊,更不是百万富翁,他有什么可以吸引人呢?很简单,因为他一点也不矫揉造作,并且能让别人感受到他真的喜欢并关心他们。

小孩会爬到他的膝上，朋友家的仆人会特别用心为他准备餐点。而且,假若有人宣布:“今晚荷马·克洛维会到这里来!”则当天的宴会一定没有人缺席。除了朋友间深厚的感情之外，荷马·克洛维的家人也都十分敬爱他。他的妻子、女儿，还有好几个孙女，全都对他称赞不已。

究竟这位作家是如何赢得这种幸福的呢？说来也很简单，就是待人诚恳、热爱人们而已。对他来说，对方是什么人，或从事什么职业，他都不会在意。只要是一个人，对他便意义重大，值得付出关爱。每次他遇见陌生人，很快就能像老朋友一样交谈起来。他并不是专谈自己的事，而是尽量谈对方的事。他通过交谈，可以知道对方是从哪里来、做什么事、有没有什么家人等等。他也不会谈个不停，只是向对方表示自己的兴趣和关心，借以建立起友谊。正像一位资深外交家所说："外交的秘诀仅在5个字：我要喜欢你。"

艾伦·弗罗姆反复强调："待人诚恳、热爱人类的人将无往不胜！"

帮助别人就是帮助自己

助人就是助己。热心帮助别人的人，很可能为自己带来幸运。

《信仰的力量》的作者路易士·宾斯托克曾经引用过这样一个故事：

一天，一个贫穷的小男孩为了攒够学费正挨家挨户地推销商品，劳累了一整天的他此时感到十分饥饿，但摸遍全身，却只有一角钱。怎么办呢？他决定向下一户人家讨口饭吃。当一位美丽的年轻女子打开房门的时候，这个小男孩却有点不知所措了，他没有要饭，只乞求给他一口水喝。这位女子看到他很饥饿的样子，就拿了一大杯牛奶给他。男孩慢慢地喝完牛奶，问道："我应该付多少钱？"年轻女子回答道："一分钱也不用付。妈妈教导我们，施以爱心，不图回报。"男孩说："那么，就请接受我由衷的感谢吧！"说完男孩离开了这户人家。此时，他不仅感到自己浑身是劲儿，而且还看到上帝正朝他点头微笑，那种男子汉的豪气像山洪一样□发出来。

其实，男孩本来是打算退学的。

数年之后，那位年轻女子得了一种罕见的重病，当地的医生对此束手无策。最后，她被转到大城市医治，由专家会诊治疗。当年的那个小男孩如今已是大名鼎鼎的霍华德·凯利医生了，他也参与了医治方案的制订。当看到病历上所写的病人的来历时，一个念头刹那间闪过他的脑海。他马上起身直奔病房。

来到病房，凯利医生一眼就认出床上躺着的病人就是那位曾帮助过他的恩人。他回到自己的办公室,决心一定要竭尽所能来治好恩人的病。从那天起,他就特别地关照这个病人。经过努力,手术成功了。凯利医生要求把医药费通知单送到他那里,在通知单上,他签了字。

当医药费通知单送到这位特殊的病人手中时，她不敢看，因为她确信,治病的费用将会花去她的全部家当。最后,她还是鼓起勇气,翻开了医药费通知单,旁边的那行小字引起了她的注意,她不禁轻声读了出来：

“医药费——一满杯牛奶。

霍华德·凯利医生”

宾斯托克指出,这个故事颇具传奇色彩,但是它告诉了我们一个生活中最朴素的道理:热心帮助别人,你才有可能在需要的时候得到别人的帮助。

表达出对别人的感激和爱

《爱的能力》的作者艾伦·弗罗姆曾经讲过这样一个故事：

有这样一位妇人,她辛苦地支撑着一个家,却从未得到家人的任何感激。

有一天晚上,她问她的先生:“彼得,我在想,万一我有一天死了,你会不会花一笔钱买些花为我哀悼？”

“当然会啊！玛莎,你干吗问这个？”

“我只是在想,其实到那时候,20 块钱的鲜花对我已经一点意义也没有了。但是我还活着的时候,有时候哪怕只有一束鲜花,对我更有意义。”

玛莎的感叹，不也正是你周围许多人的心声吗？“有时只要一束鲜花”,便能带给别人活下去的希望和喜悦。

你还等什么呢?你还要等到你的心无法再爱,眼睛永远无法再睁开,耳朵也永远听不到时,才肯行动吗?

曾经有人说,世上最大的笑话就是一个“自己造出来”的人。这样的人是不存在的。同样,世界上最大的悲剧就是那些骄傲地宣称:“没有人给我任何东西！”不管这个人在物质上是贫穷还是富有,他(她)在精神上都是贫困的。

那些有强烈的积极心态和自信的人，当他们意识到上帝给予他们那么多时,他们就会真正做到谦逊。他们会向那些对他的生活作出贡献的人表示由衷的敬意。杰拉尔德·肯尼迪主教说:“当一个人意识到是信念、梦想和希望使他的生活中的一切成为可能的时候,他越伟大,就会越谦逊。任何一个人为自己的成就感到骄傲时，就让他想一想他从前从别的人那里所得到的一切。是他们的信念帮他校正了生活的方向,他最好的奋斗目标就是去实现他们的信念。”

但是,感激之情不是自动就会来到的,你必须去培养。许多人从没有真正感受或是表露过感激之情。

比如,1860 年的一个暴风雨的夜晚,“埃尔金圣母”号轮船和一艘运木头的货船相撞,沉没了。船上的 393 名乘客落入了密歇根湖。这些人中,有 279 人淹死了。爱德华·斯宾塞,一名大学生,他一次又一次地跳进水中,营救落水乘客。当他从水中救出第 17 个人时,他精疲力尽地摔倒了,从此再也没能站起来。在后半生里,他只能靠轮椅生活。据芝加哥的一家报纸报道,几年后,有人问他对于那个重大的夜晚感触最深的是什么时,他说:“就是那 17 个人从来没有向我表示过感谢。”

可能对大多数人来说,不容易产生感激之情。因为把注意力集中在我们希望或者我们需要的东西上面,要比认识到我们得到了什么容易得多。如果你想树立或者保持一种强烈的积极的心态，那就要培养一种积极的感恩意识。

为什么人类总是隐藏他们感激的心情呢？或许是人与人之间的摩擦摧毁了他们感激的心,或许相互地伤害抹杀了彼此的和气,也可能是他们习惯了没有感激的日子,自己也不懂得什么是感激。

生活中,许多人奉行的原则是:”你满足我的需要,然后我才满足你的。“这种方式很少能有效果。一个人这么渴望别人付出感激之情,相对的,他也会努力希望获取别人的接受和赞同。但是在这个过程中,这个人难免会痛苦、悔恨,甚至变得没有自信。也许你几句感激的话或一点感激的行动,就能使一个人活得快乐、自在,你何乐而不为呢?

仔细想想别人曾经为你所做的——爱的表示、友善的动作、信心的鼓励、友好的示意。你曾经对你的父母表达养育的感激之情;感激你的老板雇用你；感激你的朋友对你伸出友谊之手；感激你的职员卖力地为你工作;感激你“另一半”的牺牲和关爱;感激顾客对你商店的光顾以及感激过任何为你服务的人吗?你每天应该空出一段时间,对这些使你的生活更丰富、更充实的人，表达你的感激之情。

表达出你对别人的感激之情后，你会发现你所得到的回报将源源不断。

不吝啬对别人付出接受、赞同和感激之心的人，总是受人欢迎的，因为和他们相处使人有甘之如饴的舒适感。相反，习惯深藏对别人感激之情的人，则容易吃闭门羹，遭到别人的拒绝。

总之，以你觉得最舒服、最自然的方式去做。很多人习惯搭着别人的肩表示："我爱你。"其实，你没有必要以这种方式来传送你对别人的关怀和感激之情。不需要肉麻的动作，只需要简单的几句话，便可以使别人感受到你的热情和诚恳。但是你的表现应尽量避免公式化。有时候感激对别人的意义相当大，尤其是他们正渴望和期待时。

你只要打开心扉，让别人听到你想说的每一句话，感受到你每一次亲切的行动，而不需要刻意去想你该怎么做。

比如你可以依照下面所建议的去做，这些都是表达感激的方式：微笑、招呼别人用餐、递一张纸条来分享你的喜悦、握个手祝他今天过得更快乐一点、送一份小礼物、说一句赞美的话、帮一个忙、借他一本书、打个电话给朋友、寄一张问候卡、说一声"谢谢你"……

诸如此类还有很多，你可在生活中慢慢体会，并使它更丰富。

让你的爱和激情更饱满

《圣经》上说："爱的力量可以支配一切，改变一切。"

许多成功人士对此深信不疑。

约翰·肯尼迪竞选参议员时，有一天坐车到波士顿。他看到一位老妇人准备独自过街，就叫司机停车，下车向她自我介绍，又亲切地牵着她的手送过街。有人问他说："你真想囊括全部的选票吗？"肯尼迪回答说："选战如此激烈，要是以一票之差落选，然后回想，因懒得下车去帮助这位老妇人，你觉得会是什么滋味？"

肯尼迪帮助这位老妇人固然是出于多拉选票的目的，但是如果他心中没有温暖的爱心，也很难做出这样的举动，或许，他成功当选总统正有赖于此。

人是渺小的，但爱的力量却无与伦比，强大时可以支配一切，改变一切。

爱能够使苦变甜，使忧变乐，使无为变有为，使弱者敢于藐视强者，使孤独者乐于拥抱世界。

有所爱的人是有福的，因为他们的生活是有激情的，因为他们的心灵是有寄托的。怎么才能做到这一点呢？拿破仑·希尔经常引用文章《就试这么一天》中的句子：

下一次出门去上班，不知这一天怎么过时，先别担忧，下定决心，采用一种全新的方式去处事待人。就试这么一天，积极乐观一点，你也许会使自己的所作所为有所改观。

就试这么一天，对同事尽量友善。把他们当作恩人来看待，好像你能留在这个岗位上工作全该归功于他们，幸得有他们做同事。

就试这么一天，不再吹毛求疵，挑剔别人。设法找出每一件事物的优点，并且找出每一个跟你一起工作的人值得称赞的优点。

就试这么一天，如果要纠正别人，就尽量以幽默示之，不要出言伤人；设身处地，就像要被纠正的人是自己。

就试这么一天，不要求自己所做的事都尽善尽美，也不再尝试打破纪录。称职地做好眼前的工作，不强自己所难。

就试这么一天，如果自己对工作胜任有余，那就不再不停地反躬自问：我的表现跟职位和酬薪是否相称？

就试这么一天，心存感激，庆幸自己活在这个社会和时代，无需在恶劣环境下做劳累讨厌的工作。为能在自由国度里工作而感激不尽，因为“在这个国家里没有人强迫我工作。”

就试这么一天，为自己有工作做、活着而满心欣喜，庆幸自己不是在战壕里躲避枪弹，或是在医院里等待动手术。

就试这么一天，不去预期别人会如何对待你，不拿自己的酬薪地位跟别人比较——因为你是你，所以你很高兴。

就试这么一天，不计较事情“对我有什么好处”，只想到在每件事情上你帮了什么忙。

就试这么一天，下班后不再想今天做了些什么，还有什么没有做。反之，盼望傍晚的到来，不管完成了什么都感到欣慰。

以上的这些建议都不复杂，更非天方夜谭。它们的好处是可以令你活得更有意义、更快乐。最重要的是，它们能使你心境平静，而这是你最珍贵的东西。如果你觉得自己的爱心和激情不够的话，就按上述建议去实践吧！

残缺也是一种美

要求完美是一件好事，但如果过了头，反而比不完美更糟糕。完美主义者在做事的时候总是力求不存缺憾，即使是无关紧要的细节也不肯放过。这种人到头来只能变成懒惰的人，因为任何事本来都不可能完美无缺。完美主义者从一开始就在做一个不可能实现的梦。

在佛教的《百喻经》中，有这样一则可笑而发人深省的故事：

一位印度先生娶了一个体态婀娜、面貌秀丽的太太，两人情如金石，恩恩爱爱，是人人称羡的神仙美眷。他的太太眉清目秀，性情温和，美中不足的是长了个酒糟鼻子。柳眉、凤眼、樱桃小嘴，瓜子脸上，却镶了个酒糟鼻子，好像失职的艺术家，对于一件原本足以称傲于世间的艺术精品，少雕刻了几刀，显得非常的突兀怪异。

这位丈夫对于太太的鼻子终日耿耿于怀。一日出外去经商，行经一贩卖奴隶的市场。宽阔的广场上，四周人声沸腾，争相吆喝出价，抢购奴隶。广场中央站了一个身材单薄、瘦小清癯的女孩子，睁着一双泪眼，怯生生地环顾着这群如狼似虎、决定她一生命运的男人。这位丈夫仔细端详女孩子的容貌，突然间被深深地吸引住了。好极了！这女子脸上长着一个端端正正的鼻子，不计一切，男人决定买下她！

这位丈夫以高价买下了长着端正鼻子的女孩子，兴高采烈地带着女孩子日夜兼程赶回家，想给心爱的妻子一个惊喜。到了家中，把女孩子安顿好之后，用刀割下女孩子漂亮的鼻子，拿着血淋淋而温热的鼻子，大声疾呼："太太！快出来哟！看我给你买回来最宝贵的礼物！"

"什么样贵重的礼物，让你如此大呼小叫的？"太太狐疑不解地应声走出来。

"嗨！你看！我为你买了个端正美丽的鼻子，你戴上看看。"

丈夫说完，趁其不备，抽出怀中锋利的刀，朝太太的酒糟鼻子砍下去。霎时，太太的鼻梁血流如注，酒糟鼻子掉落在地上，丈夫赶忙用双手把端正的鼻子嵌贴在伤口处，但是无论丈夫如何努力，那个漂亮的鼻子始终无法粘在妻子的鼻梁上。

可怜的妻子，既得不到丈夫苦心买回来的端正而美丽的鼻子，又失掉了自己那虽然丑陋却货真价实的酒糟鼻子，并且还受到刀刃创痛。而那位糊涂丈夫的愚昧无知，更是叫人可怜！有些人以为自己是在追求完美，其实他们才是最可怜的人，因为他们是在追求不完美中的完美，而这种完美，根本不存在！

一个有洁癖的女孩，她去餐馆吃饭，因为怕有细菌，竟自备酒精消毒桌面，用棉花细细地擦拭，唯恐有遗漏。

这位有洁癖的女孩，难道不知道人体表面充斥着细菌——比如她自己的手——可能就比桌面脏吗？

一个孩子犯了一个错，母亲不断地指责，因为她要为孩子培养完美的品格。这时孩子拿出一张白纸，并且在白纸上画了一个黑点，问："妈妈，你在这张纸上看到什么？"

"我看到这张纸脏了，它有一个黑点。"母亲说。

"可是它大部分还是白的啊！妈妈，你真是个不完美的人，因为你只会注意不完美的部分。"孩子认真地说。

有一位男士，是个极正义的人，对于世界上竟有这么多不义的人而痛恨，他一直很想杀光世界上的坏蛋，好让世界完美。

有一天他突然接到一封上帝的来信。上帝在信上说，这位先生也是个坏蛋，因为他的心中从来就没有爱。

要求完美是件好事，但如果过头了，反而比不求完美更糟。就像我们居住的屋子，永远不可能如展示屋那样整齐干净，如果一味地强求，反而令居住成为噩梦一般，为了维持干净，难道我们就不在马桶上大便了吗？

别让完美成了苛刻，完美是种尽心做事的态度，而不是恐怖行动！

世界上有太多的完美主义者，他们似乎不把事情做到完美就不善罢甘休。而这种人到了最后，大多会变成懒惰的人。因为所有的事，本来就不可能完美。所以说，完美主义者从一开始就在做一个不可能实现的美梦。

他们对于自己的梦想老是做不好而产生挫折感，这样就形成一个恶性循环，最后让这个完美主义者意志消沉，变成一个消极的人。所以，培养"即使不完美也没关系"的想法是相当重要的。

如果你花了许多心血，结果还是泡了汤的话，不妨把这件事暂时丢下不管。如此一来，你就有时间来重整你的思绪，接下来就知道下一步该怎么走了。"既然开始了就要把事情做好"这种想法固然没错，可是如果过于拘泥，那么不管你做些什么都将不会顺利。因为太过于追求完美，反而会使事情的进展发生困难。

武田信玄是日本战争时代最懂得作战的人，连织田信长也相当怕他，所以在信玄有生之年，他们几乎不曾交战。而信玄对于胜败的看法实在相当的有趣，他的看法是："作战的胜利，胜之五分是为上，胜之七分是为中，胜之十分是为下。"这和完美主义者的想法是完全相反的。他的家臣问他为什么，他说："胜之五分可以激励自己再接再厉，胜之七分将会懈怠，而胜之十分就会生出傲气。"连信玄终身的死敌上杉彬也赞同他这种说法。据说上杉彬曾说过这么一句话："我之所以不及信玄，就在这一点上。"

实际上，信玄一直实行着胜敌六七分的方针。

所以他从 16 岁开始，打了 38 年的仗，从来没有败过一次。而自己所攻下的领地与城池，也从未被夺回去过。把信玄的这个想法奉为圭臬的是德川家康。如果没有信玄这个非完美主义者的话，德川家族 1300 年的历史也不一定存在。要记住，不能容忍不完美，只会给你的人生带来痛苦。

有些人很勉强自己，不愿做弱者，一味逞强，不顾一切地做许多别人期待而自己却不愿做的事，这种人，才是真正的弱者。一旦有人对你抱有期望，就怕辜负了人，硬是勉强也要实现承诺，到头来才发现，原来是自己太软弱。

必须承认的是自己的心。只有承认软弱，才可能坚强；只有面对人生的不完美，才能创造完美的人生。

人生确实有许多的不完美，我们可以选择走出不完美的心境，而不是在"不完美"里哀叹，但也不能一味地追求所谓的"完美"。

第二章

把好人脉 谨慎处世

在现代社会里,人脉关系是人们愈来愈重要的资源。在许多聚会、社交团体或研讨会上,有些人会倾尽全力想认识每一个在场的人,甚至努力地想跟重要人物建立关系。但处世须谨慎,切勿将自己陷入被动境地。

争取有利地位

人不太容易改变自己的条件，却可以以示强或示弱的方式来为自己争取有利的位置。

丛林里的生态圈似乎是天定的，强与弱，谁都不可能去改变。但人类社会不同，人类固然也有先天的强与弱以及后天的强与弱，但因为人类有智慧，可以通过学习及经验的累积，在人性丛林里巧妙地获得生存的机会，并进而为自己争取较丰厚的利益。

有一个法则是值得在人性丛林里进出行走时参考的，那就是——遇强示弱，遇弱示强。

“遇强则示弱”的意思是：如果你碰到的是个有实力的强者，而且其实力明显高过你，那么你不必为了面子或自尊而与其争强，因为一旦硬碰硬，固然也有可能摧折对方，但毁了自己的可能性也很高，因此不妨示弱，好削弱对方的戒心。以强欺弱，胜之不武，大部分的强者是不做的。但也有一些富有侵略性格的“强者”有欺负“弱者”的习惯，因此示弱也有让对方摸不清你虚实，降低对方攻击力的作用，一旦他攻击失效，便有可能收手，而你便获得了生存的空间，并反转两者态势，他再也不敢随便欺负你。至于要不要反击，你要慎重考虑，因为反击时你也会有损伤，这个利害是要加以权衡的，何况还不一定可以击败对方，“生存”才是主要目的。

“遇弱则示强”的意思是：如果你碰到的是实力比你弱的对手，那么就要显露你比他“强”的一面，这并不是为了让他来顺从你，或满足自己的虚荣心和优越感，而是因为弱者普遍有一种心态，就是不甘愿一直做弱者，因此他会在周围寻找比自己弱的人，好证明自己也是一个“强者”。你若在弱者面前也示弱，正好引来对方的杀机，徒增不必要的麻烦与损失。示强则可使弱者望而生畏，知难而退。所以，这里的示强是防卫性的，而不是侵略性的，因为侵略也可能为你带来损失，若判断错误，碰上一个“遇强示弱”的对手，那不是很惨吗？

人性丛林里没有绝对的强与弱，只有相对的强与弱；也没有永远的强与弱，只有一时的强与弱。因此强者与弱者，最好维持一种平衡、均势，国与国之间不易做到此点，但人与人之间却不难做到，只要你愿意，也不论你是弱者还是强者，“遇强示弱，遇弱示强”只是其中的一个方法罢了。

退后一步天地宽

在日常生活中，当自己的利益和别人的利益发生冲突，友谊和利益不可兼得时，首先要考虑舍利取义，宁愿自己吃点亏。

一位住在山中的禅师，有一天趁夜色到林中散步。

当散步归来时，他看到自己的茅屋遭小偷光顾，找不到任何财物的小偷正要离开的时候在门口遇见了禅师。

原来，禅师怕惊动小偷，一直站在门口等待，他知道小偷肯定找不到任何值钱的东西，就把自己的外衣脱掉拿在手上。小偷遇见禅师、正感惊愕的时候，禅师说：“你走老远的山路来看我，总不能让你空手而归呀！夜凉了，你带着这件衣服走吧！”说着，就把衣服披到小偷身上，小偷不知所措，低着头溜走了。

禅师看着小偷的背影穿过明亮的月光，消失在山林之中，不禁感慨地说：“可怜的人呀！但愿我能送一轮明月给他。”说完之后，就看着窗外的明月，开始打坐。

第二天，他在阳光温暖的抚触下睁开了眼睛，看到他披在小偷身上的外衣被整齐地叠好放在了门口。禅师十分高兴，喃喃地说：“我送了他一轮明月！”

林则徐有句名言：“海纳百川，有容乃大。”与人相处，有一分退让，就受一分益；吃一分亏，就积一分福。相反，存一分骄傲，就多一分挫辱；占一分便宜，就招一次灾祸。

1863年1月8日，恩格斯怀着十分悲痛的心情，把妻子病逝的消息，写信告诉了马克思。过了两天，他收到了马克思的回信。信中的开头写道：“关于玛丽的噩耗使我感到意外，也极为震惊。”接着，笔锋一转，就说自己陷于怎样的困境，然后也没有什么安慰的话。

“太不像话了！这么冷冰冰的态度，哪像20年的老朋友！”恩格斯看完信，越想越生气。过了几天，他给马克思去了一封信，发了一通火，最后干脆写上：“那就请便吧！”

20年的友谊出现裂痕！看了恩格斯的信，马克思的心里像压了一块大石头那样沉重。他感到自己写那封信是个大错，而现在又不是马上能解释得清楚的时候。过了10天，等老朋友"冷静"一些了，就写信认了错，解释了情况，表白了自己的心情。

坦率和真诚，使友谊的裂痕弥合了，疙瘩解开了。恩格斯在接到马克思的来信后，怀着欢快的心情立即回了信。他在信中说："你最近的这封信已经把前一封信所留下的坏印象清除了，更让我感到高兴的是，我没有在失去玛丽后再失去自己最老的和最好的朋友。"

再看一个事例：

历史上的舜敬父爱弟，可他的弟弟象，表面看起来敬兄，内心却总想害死他。

有一次他们俩去挖井，舜正在井内时，象却突然把井口封死；象认为舜必死，就想打他两位夫人的主意，于是来到舜的家里。

不料，舜大难不死，已从井的另一个出口脱身回到家里。象刚进门，见舜在弹琴，只好尴尬地说："我正惦记着你呢。"

舜只是平静地说："多谢你的美意。你真是我的好兄弟，以后请你协助我一起管理臣民吧。"

舜有如此广阔的胸怀，是他成就一代帝王大业的重要基础。

一个人，对于事业上的失败，能认识到自己的错误，就能让人感德；有成就时，能让功他人，就能让人感恩。

曾国藩说："敬以持躬，让以待。敬就要小心翼翼，事情不分大小，都不敢忽视。让，就什么事都留有余地，有功不独居，有错不推诿。念念不忘这两句话，就能长期行大任，福祉无量。"

有人说："自谦，人们就越服从；自夸，人们就越怀疑。我恭敬就可以平人的怒气，我贪婪就可以引发人们的争端，这都是在于自己的为人而已。"现实生活中，人与人相处，不能没有交往。而交往就必须有个准则，使大家共同遵守，才不至于乱套，这就是待人的道理。而待人的最高准则，就在于儒家所提倡的："一切在于求取最完美最高尚的道德。"

能有所追求，一方面在心中有所持守，另一方面在执行时有所遵循。这就是准则，也有人称为"规范"。因此我们如果以宽容的心境和幽默的态度对待他人有意或无意施加的羞辱和难堪，我们往往可以从消极的情绪中解脱出来，免得事态恶性发展。

孔子周游列国时,有一次在郑国与弟子们失散了,他只好独自站在东门等候。一个郑国人对孔子的弟子子贡说:“东门有个人,长得奇形怪状,累得好像丧家之犬。”子贡把这句话告诉了自己的老师,孔子坦然笑道:“说我像丧家之犬? 确实是这样的啊!”

作为一代宗师的孔子居然能在学生面前, 对这种污辱性的语言一笑了之,的确表现出了万世师表的气度。

当你心胸开朗、神情自若的时候,看那些蝇营狗苟、一副小家子气的人,就会觉得他们的表演实在可笑。但是,任何人都有自尊心,有的人的自尊心特别强烈和敏感,因而也特别脆弱,稍有刺激就有反应:轻则板起脸孔,重则马上还击,结果常常是为了争面子而失了面子。

试问,当你说我是傻瓜,如果我说“谢谢你的赞誉”,你还能说什么呢?

不要处处与人抬杠

“言多必失”、“祸从口出”的万世警训在今天依然具有它的价值。发生在台北县萧崇烈的一家三口灭门血案,在警方锲而不舍的调查之后,已宣告侦破。犯罪嫌疑人邓笑文被捕后,坦承因受经营起重机生意的萧崇烈“讥讽”而萌生杀机,并在行凶后担心事情败露,而再杀其妻女灭口。

邓笑文表示:两个月前,死者萧崇烈用话刺激他、耻笑他,并用手指指他胸前,笑他“没什么用”,开起重机那么久了,仍然是“给人请(聘雇)”,不像他自己开起重机没多久就当了老板。对这样的“讥讽”,邓笑文怀恨在心,后来萧某只要与他碰面,就不断嘲笑他,以致使他萌生杀人泄恨之心。据警方表示,犯罪嫌疑人邓笑文心智健全,但因受到对方不断的讥讽和嘲笑而杀人,成为历年来灭门血案的特殊案例。这虽然属于极端事件,但颇值得社会大众警惕。

古人早有明训:“言语伤人,胜于刀枪。”许多人常以“嘲弄”他人或者与他人“抬杠”为乐子,也有部分综艺节目的主持人,戏称未能在比赛中过关的来宾“笨”,或嘲笑比赛者的长相“丑”。有些虽然是玩笑,但毕竟“尖酸刻薄”、“有失厚道”的言语,会使听者产生不悦;严重的,正如灭门血案的被害人一般,遭到杀身之祸。因此,古人说:“丧家亡身,言语占八分。”似有其道理,真是叫人不得不谨慎。

其实，因言语冲突而萌生杀机的情况，不只是在中国发生，国外亦有所闻。法国巴黎有一名“美食专栏作家”，经常在文章中严词批评某些餐厅的菜肴。有一次，此专栏作家在专栏中对一餐厅的菜色做出“像猪食”的评语，激怒了餐厅老板。该老板事后特别再请此美食专栏作家去试吃“精致美味的佳肴”，不料美食专家吃完后脸色大变，晕倒在地，送到医院时气绝死去。餐厅老板被警方逮捕收押后，坦承“设毒宴”，他说：“批评我们的美食像猪食的人都该死！”

这真是叫人瞠目结舌，“专栏作家”们下笔时可得小心点，就像你说话一样，若言词过于尖酸刻薄，批评太过分，可能也会“惹祸上身”。

事实上，不管是男人还是女人都是一样的，只要被一些不中听的话激怒，就可能会因情绪失控而口出狂言，大打出手，最后鼻青脸肿。宜兰县有两家相邻的家具行，因同行竞争而相忌，又因轿车被刮擦而引起言语冲突，于是两家动口怒骂、动手狠捶，甚至用口互咬。结果，41岁的林先生鼻子被咬落于地，他忍着疼痛拾起半截鼻子，赶至罗东博爱医院求救；另一方53岁的许先生，也在“口齿互咬大战”中，下巴被咬下一块肉，鲜血淋漓，痛苦万分地赶赴医院缝了十多针。

上述因说话而遭到杀身之祸以及打得鼻青脸肿、咬掉下巴的实例，似乎让人觉得不可思议，有些好笑，不过，也让人再次想到“丧家亡身，言语占八分”的古谚。

“大礼不辞小让”，做大事的人哪顾得了那些鸡毛蒜皮的小事？错矣！不拘小节常被人看做大度潇洒的表现，知道吗？大事全部是由不起眼的小事组成的，唯有把每件小事做好，才有可能做成大事业。更何况，许多生活社交上的所谓小事也许不会给你带来明显的财富收入，它却是一个人修养素质的体现，是一个人潜在的形象及人际方面的资源。

给我触动很大的是一位同学的话，他说他不会同我们另一位同学合作。我很惊讶：大家都是同学，生意上又可互惠互利，为什么呀？他说：“这么多年了，他还是一点长进都没有，我听着他嚼口香糖的声音就想吐。还有我拉他去跟人家谈判，出来后我真为有这样的同学而丢人，他的形体语言太夸张了，总是喜欢跟别人唱反调，一直到双方都十分尴尬的时候才住嘴。让对方觉得我们跟他们不在一个层面上，怎么做生意啊！”

这位同学人不错，也有不少优点，但修养、个性上的这些小问题竟然给他带来如此大的负面影响，真是出乎我的意料。

如果你抬杠、辩论、反驳，有时或许会取得胜利，但这种胜利是最空洞的，因为这意味着你再也得不到对方的好感了。

敢于拒绝

常受人请托的人往往具有某些正面的评价，受人尊敬，脸上风光。所以有些人认为，倘若拒绝别人的请求，恐怕会对自己的面子产生负面影响，于是，拒绝与否便难以掌握。如此一来，原本帮忙的意愿不高，却又勉强答应，结果后悔的情形就相当常见了。

事实上，那些考虑形象会受影响的理由往往是一种借口，由于自己意志不坚定，而勉强答应请托的例子屡见不鲜。那些人，通常认为断然拒绝对方的请求未免显得太过无情，而若是在答应后方觉不妥、且又力不从心难以履行诺言时，再改变心意拒绝对方，显然已经太迟。因为，等无法做到允诺的事情，再提出拒绝，给人的印象更糟，甚至需要付出相当的代价去弥补缺失或兑现承诺。如果这件事只限于个人的烦恼，还称得上不幸中的大幸，若因此事而与要求请托的对方发生不愉快的情形，甚至产生怨恨、敌视，演变成双方人际关系上的对立与冲突，岂不更得不偿失？

对于必须拒绝的事究竟该如何面对呢？简单地说，只要有点勇气和智慧，不顾忌脸面，你就能够轻松过关了。

固然，一开始就斩钉截铁地说“不”，委实不妥，然而不要因此而放弃表示拒绝的权利。即使这样做会破坏他人对自己的期望或好感，也应在所不惜，何必勉强自己成为偶像型的人物呢？

人要想活得轻松，最好不去背所谓的“人情包袱”，不要因为拒绝了别人而觉得有愧，不要为说自己对别人的请求无能为力而感到丢脸，不要因为扫了别人的面子而难为情，不要违背自己的心意去硬充大头，不要怕扮黑脸。

启功先生是当代著名书法家、大学教授，又是前清皇室的亲戚，是一位炙手可热的大名人。因此，登门造访的人总是接连不断，几乎踏破了门槛。

直言不讳地说，到先生家的人虽多，但纯为探访而不有求于先生者可谓稀如晨星。求的内容大致有二:一是举办某某活动,欲请先生光临、捧场;二是求先生挥毫写字,用先生自己的话说则是,“将白的写成黑的”。先生名头太大,在活动中一露脸,大群记者立即一拥而上,电视转播,报纸载文,举办者脸上添光,知名度鹊起,有极高的社会效益。而字,一则具有高度艺术价值,挂于客厅中可临摹,可欣赏,可炫耀;二则虽然人们不会公开承认,但私下里一致认同,可卖大价钱,视为可居的奇货,能获得可观的经济效益。

试想,如果对这些人一一照顾,个个给面子,老先生岂不是要累死?那些人个个是高手,全有一套死缠硬磨、蹬鼻子上脸的功夫,委婉的拒绝是不顶用的。因此,老先生有时对他们毫不客气,干脆“黑”起脸来,将其拒之门外。

一日,电话铃声忽然大作,启功先生正在处理文稿,犹犹豫豫本不想接,但打电话的人极有耐心,先生又恐是老朋友或公家部门打来,接了,一问对方姓名,并不认识。问何事,对方称先生曾为某书题签,现该书已出,欲明日亲自送来。先生当即说:“谢谢。不过这样的小事,你也不必跑了,通过邮局寄来即可。”对方不干,非要前来,称为探望。先生解释道:“我现在很忙,身体又不大好,你来我也无力接待,请原谅,书还是寄来吧。”对方不肯。先生索性挑破窗户纸,单刀直入,问:“你说你还有什么事吧。”对方称没事,就是想看看先生。先生答道:“你既然那么想看我,也行。我给你寄张相片去,你可以从从容容地看。”此人仍不罢休。几个回合之后,先生被逼到“墙角”,于是说:“好吧,你明天何时来,说个点儿,就在大门口,你也不用进我的门,你不是就为看我吗?咱俩就在门口对着看。你看我,我瞧你,你要近视,带上眼镜,我也带上老花镜,好好瞧瞧你,看半个钟头,够不够,若不够,看两个钟头也行。”对方听先生动怒,又拉出一张“虎皮”,说先生的某某老友也要同来。先生再一细问,对方又说先生的这位老友前些日子出差在外,不知明天能否回来。先生气得不得了,干脆挂上了电话。

傻瓜才会制造敌人

世界有多大?地球一家人;人生有多长?七十古来稀;做人有多难?少与人结仇!

在人际关系复杂的当今社会,任何一个不起眼的人,都可能对你的生活起到至关重要的影响，因为对于只要付出努力就有收获的年代，说不准谁的头顶上就顶着一个大的头衔。

我们永远不会知道，何时会需要眼前这个人的帮助，一时不小心，可能又制造了一个敌人。

我们其实是可以避免这种情形的。人生的荆棘已经够多，没有必要为自己埋下更多的地雷。

如果现在还以为有钱人一定会用名牌；没钱的人一定用地摊货，想以这种短浅眼光来评量，这种人不是聪明的人。

剑桥大学的校长办公室，来了一对看起来很普通的夫妇，他们对秘书说要见校长，秘书看了看这两个人，心想肯定不是太重要的来宾，请他们坐后，便没有传达。

3 个小时后，秘书发现这对夫妇还在等，无奈之下只好传达，校长不耐烦地出来，问："请问有何贵干？"

"先生，是这样的，我儿子生前在这所学校很快乐，我们夫妇想用纪念性的建筑来纪念他短暂的生命。"这对夫妇说。

校长看了看他们，说："这是不可能的，如果每个人死后都想在这里建纪念碑的话，这座校园早成墓场了！"

"不，先生您误会了，我们是想建一座学院来纪念他，并不是要建碑。"夫妇急忙解释。

校长和秘书一听，不禁轻笑出声，说："我们学校建筑是很讲究的，每一个学院要 500 万美金，你们付得起吗？"

夫妇惊讶地看着校长和秘书。校长和秘书一见他们的表情，在心里轻笑道："不自量力的家伙。"

没想到这对夫妇竟说："早知道建一座学院只要 500 万美金，我们不如建一座大学来纪念他。"

夫妇俩走了，只留下惊愕不已的校长和秘书，他们没想到其貌不扬的夫妇有如此雄厚的财力。

这便是斯坦福大学的由来。

还有这样一个故事：少女去参加男友的毕业典礼，男友的母亲也要参加，她们坐在同一辆公共汽车上，少女不知身旁挤她的妇人就是男友的母亲，竟对妇人恶言相加，结果一下公共汽车，她心爱的男友竟对那妇人叫

"妈"……

人生的际遇不是我们所能预设的,但我们可以做到的至少是:不要制造敌人。

吃亏是福

与其说"吃亏"是做人的一种谋略,不如说"吃亏"是做人的一种气度。世上最吃亏又最占便宜的人是处处不与人计较的菩萨。

鲁迅笔下的阿 Q 自诞生那天起一直是被人们鄙视和诋毁的对象,但是他的那套生存哲学却很值得现代人学习。他,始终能把悲哀的情绪化解开,使之变成快乐的理由,把失败的过程反过来看做是成功的结果,进而获得胜利的喜悦。这样的人生能不快乐吗?

一个犹太人走进纽约的一家银行,来到贷款部,大模大样地坐了下来。

"请问先生,我可以为你做点什么?"贷款部经理一边问,一边打量着这个西装革履满身名牌的来者。

"我想借些钱。"

"好啊,你要借多少?"

"1 美元。"

"只需要 1 美元?"

"不错,只借 1 美元,不可以吗?"

"噢,当然,不过只要你有足够的担保,再多点也无妨。"经理耸了耸肩,漫不经心地说。

"好吧,这些做担保可以吗?"犹太人接着从豪华的皮包里取出一堆股票、国债等等,放在经理的写字台上。

"总共 50 万美元,够了吧?"

"当然,当然!不过,你真的只要借 1 美元吗?"经理疑惑地看着眼前的"怪人"。

"是的。"说着,犹太人接过了 1 美元。

"年息为 6%,只要您付出 6%的利息,一年后归还,我们就可以把这些股票退还给您。"

"谢谢。"

犹太人说完准备离开银行。

一直站在旁边冷眼观看的分行长,怎么也弄不明白,拥有 50 万美元的人,怎么会来银行借 1 美元,于是他慌慌张张地追上前去,对犹太人说:

"啊,这位先生……"

"有什么事吗?"

"我实在弄不清楚,您拥有 50 万美元,为什么只借 1 美元呢?您不认为这样做很吃亏吗?要是您想借 30 万、40 万元的话,我们也会很乐意的……"

"请不必为我操心。在我来贵行之前,问过了几家金库,他们保险箱的租金都很昂贵。所以嘛,我就准备在贵行寄存这些东西,一年只需要花 6 美分,租金简直是太便宜了。"

俗话说:"好汉不吃眼前亏。"在我们许多人的眼睛里,把"吃亏"看做蠢人的行为,其实很多时候,我们的判断都是错误的,一些"亏"只不过是事情的表象而已。

日本奇士达公司的经营理念是:"吃亏就是占便宜,所以情愿选择吃亏。"对于以利润为目标的企业来说,这种经营理念,实在是令人难以置信。

竞争对企业来说,是绝对目标,可是这家公司,却像是出来行善般地经营,不免令人怀疑:公司开得下去吗?会有利润吗?

实际上,奇士达公司却快速地成长,成为年营业额 2000 亿日元的绩优公司。那些好听的经营理念,成了公司的发展商机。

企业最怕赔钱,吃亏的生意是不做的,而奇士达公司将这些没人愿意做的生意承接下来,反而没了竞争对手,生意自然大好。社长铃木清一先生的苦心经营,为社会提供了物品,也为自己带来了财富。许多公司不愿亏损,而奇士达却因为做亏损的生意,反而得到了商机。

创造财富在很多人的观念里,就是要够狠、够坏,认为只有这样才能在竞争者之中脱颖而出,继而出人头地。其实不然,能够成功,靠的往往是科学的道德观。

举一个例子来说,同样去买东西,两家商品都一样,一家的老板善良而温和,另一家老板冷漠而固执,请问:你选择去哪一家买?

用劣质的商品来赚取暴利,就算短期内能生存,可一旦被人们发现了,它还能生存下去吗?企业的存在必须是长久的,在刚开始就以优质产品来取得消费者的信赖,不是可以赚更多的钱吗?

人也是如此，我们不是只活一天而已，明天我们仍得继续做人，而明天会遇到什么事，又有谁知道？如果用轻视、劣质的态度做人，那做得长久吗？不如好好待人，亲切、温和地与人相处来得长久。

打个比方说吧，最吃亏的人，便是菩萨了！菩萨处处不与人计较，什么屈辱的、低下的、卑贱的、不入流的事都做，只要有益众生、有利众生的，他都一一捡起来做，只盼众生明理，只望众生成佛，结果，谁成佛了？它自己成佛了！

没想到那最吃亏的竟成佛，而处处不吃亏的众生，反而一直在当众生！

急流勇退，见好就收

真的英雄，何必气短；真的英雄，善始善终。千古历史，英雄众多，富贵终身者鲜，平民百姓，做人处世，不可不鉴。

范蠡，字少伯，楚国宛（今河南南阳）人，春秋末年军事谋略家、政治家。

范蠡早年与宛令文种一同赴越国，为大夫。越王勾践即位后，由范蠡主持军事，与主持政务的文种携手振兴越国。

周敬王二十六年（前 494 年），越王勾践得到吴王夫差准备攻越的消息，决定先发制人，出兵攻吴。结果在吴越夫椒之战中，越军惨败。越国在生死存亡关头，范蠡提出了暂时屈辱求全的策略，主张用卑辞厚礼向吴求和，如不答应，就由越王亲自到吴国做人质。吴王不听伍子胥的劝告，休战撤兵，并允许越王来吴国做人质。于是，范蠡随越王入吴，为臣仆三年，备尝屈辱。一天，吴王夫差单独把范蠡找去，对他说："勾践给我当奴仆，你何必还跟着他？俗话说：'聪明妇女不嫁败亡之家，明哲臣子不跟国灭之君'。你若抛弃勾践归顺我，我就免除你的苦役，让你做大官。"范蠡跪下说："感谢大王的好意。俗话说：'亡国之臣，不取语政；败军之将，不敢言勇'。我是败国之臣，何敢再望富贵？还是让我跟着旧主为您服役吧。"吴王见范蠡意志坚定，只好作罢。三年后，放勾践、范蠡回国。

范蠡回国后，与文种等为勾践制定了结好齐、晋、楚，表面卑事吴国，暗中积蓄力量的兴越方略；同时实行"美人计"，将自己的爱姬西施送与吴王，以使他沉溺女色，分散精力。经"十年生聚"、"十年教训"，越国迅速强盛，吴国则实力削弱。周敬王四十二年（前 478 年），范蠡、文种建议越王勾践乘隙攻吴。越军以两翼佯动、中央突破、连续进攻的战略，大败吴军于笠泽。吴王夫差被越军长期围困，力不能支，见大势已去，自杀而死。就这样，越国吞并了吴国。

为了庆祝胜利，越王勾践下令在国都内设置高台，大摆宴席，宴请各位有功之臣。

酒宴之中，众人难免得意忘形，到处是行酒猜令，整个高台是一片欢声笑语，好不热闹。只有越王勾践沉默少语，端着酒杯好久不喝一口，像有什么心事。

灭吴首席功臣范蠡十分敏感地捕捉到了越王的反常表现。他知道，作为一国之君所必有的猜疑又完全占据了越王的心。他现在考虑的已经不是什么共享欢乐，而是怎样确保自己的江山不更姓易名了。想到这里，范蠡不由地感叹道："这说明大王不想把灭吴强国之功归于众人的努力，不想与大家共享欢乐。如若不及时引退，恐怕凶多吉少。"

第二天一大清早，范蠡便到宫中向越王勾践辞行。他对越王说："臣下听说，君主犯了忧愁，臣下就要四处奔走，不惜劳苦，为的是解除君主的忧愁；君主受了污辱，臣下就该以死自责，不能苟且偷生。以前，大王您在会稽受到吴国的污辱，我之所以没有死，就是为了帮助大王雪会稽之耻。现在会稽之耻已经洗去，臣下的任务也已完成，特地来请求大王赐臣下死刑，以惩罚臣下使大王蒙受会稽之耻的行为。"

越王勾践十分惊讶，对范蠡说道："先生为灭亡吴国立下了不朽的大功，我怎么能加罪于您呢？"

范蠡紧接着说道："既然大王赦免了臣下的罪过，就请大王给臣下一个将功补过的机会。让臣下辞去官职，归老于江湖之上吧。"

越王勾践坚决不同意，他用毫无商量余地的口气说道："我将与你平分越国，共同治理。如果您不答应的话，我就杀了您的全家。"

范蠡心知勾践的真实意图所在，他无所顾忌地坚持要离越王而去。他说："大王自然可以下令施行您的命令，可臣下仍然要按照自己的意愿去做。"

第二天一大早，越王勾践见范蠡没有上朝，便立即命人到范蠡家中去请。谁知已经晚了，范蠡已于昨天晚上携带家眷和金银细软远走他乡了。

范蠡对官海沉浮洞若观火。他一语双关地说："君行其法，我行其意。"不辞而别，驾一叶扁舟，入三江，泛五湖，人们不知其所往。果不出他所料，在他走后，越王封他妻子百里之地，铸了他的金像置之案右，比拟他仍同自己在朝议政。人走了，留下的只是一尊无害的金像，可以崇拜，借此沽名钓誉。但对还留在朝中的功臣，勾践则是另一种态度了。

范蠡泛舟江湖，跳出了是非之地，秘密来到齐国。此时，他想到了有知遇之恩且风雨同舟20余年的文种。他给文种作书一封，写道："凡物盛极而衰，只有明智者了解进退存亡之道，而不超过应有的限度。俗话说，飞鸟尽，良弓藏；狡兔死，走狗烹。越王为人，长颈鸟喙，鹰眼狼步，可以共患难，不可以共安乐，先生何不速速出走？"

文种接到范蠡的信，恍然大悟，便自称有病不再上朝理政，但为时已晚。不久，就有人诬告文种企图谋反，尽管文种反复解释，也无济于事。勾践赐文种一剑，说："先生教我伐吴七术，我仅用其三就将吴国灭掉，还有四条深藏先生胸中，请去追随先王，试行余法吧。"再看所赐之剑，乃吴王当年命伍子胥自裁之剑，这真是历史的一种莫大的嘲弄。文种一腔孤愤，仰天长叹："我始为楚国南阳之宰，终为越王之囚，后世忠臣，一定要以我为鉴戒！"乃自刎而亡。

范蠡早年师事越国理财大家计然，研习理财之道，深得其中奥妙。他到齐国后，因慕子胥之忠诚，叹为夫差所杀，于是取名"鸱夷子皮"（取子胥鸱夷浮江之意），改业务农。他想：越国用计然之策能图强称霸，我用此术也能齐家致富。于是，耕种于海边，没有多久，就积聚家产数十万。齐国人听到他很有才干，就让他做了相国。范蠡叹息说："居家能致千金，做官累到卿相，一个普通人能这样，也算达到顶点了。久享尊名，终为不祥。"于是，归还相印，尽散家财，悄然离开，来到陶地，变更姓名，自称"陶朱公"。他看到陶地为天下中心，交通四通八达，便于交易，便弃农从商，居不多久，又致巨富，时人凡论天下富豪，莫不首推陶朱公。范蠡为官位居卿相，经商致千金，并得善终。反观吴越争霸舞台上的另外两位纵横捭阖之士——伍子胥和文种的结局，同为智慧之士，只有范蠡才称得上是一位真正的大智者。

小心功高震主

"狡兔死，走狗烹"，当老板不得不"肯定"你的功绩时，你要提高警惕。

廖先生今年40岁，刚离开他呆了15年的公司。

15年前，他到一家小电器行工作。廖先生忠诚能干，甚得老板的器重。廖先生颇有“士为知己者死”的豪气，每天卖命地做，老板也未亏待他，二人情同手足，业务也因此而蒸蒸日上。

后来公司扩大，进口外国家电，廖先生花了半年时间建立了全省的经销网，可说备尝艰辛。老板对他的表现相当满意，待遇、红利也一年比一年给得多。

3年后，公司开始稳定发展，廖先生以为他混得差不多了，开始把担子放了下来，有空时常出国散心。在老板的指示下，他把很多重要的工作交出去，成为一个“德高望重”的“长老”。廖先生也对他能在立下战功之后享“清福”大为满意。谁知半年后，老板拿了一张支票放在他的桌上，要他离开这家公司……

廖先生万分不情愿，可是也不得不离开。

这个故事就是“杀功臣”的故事。并不是每个“老板”都会杀功臣，但“功臣”被杀，也总是有原因的：

就“老板”这边来说，有的纯粹是基于私利，不愿“功臣”来分享他的利益，抢他的光芒，所以杀功臣；有的老板为了保持“天下是我打的”的绝对成就感，所以杀功臣；更有的认为“利用”完了，再也不需要这批当年共打天下的“战友”，所以杀功臣。

就“功臣”这边来说，有的“功臣”自以为帮老板打下天下，如今“天下太平”，自己正可以握重权，领高薪，甚至“威胁”老板顺从自己的意志；有的“功臣”因为的确“功绩不凡”，颇受属下爱戴，因而结党营私，向老板“勒索”利益；有的“功臣”则不断对外炫耀自己的功绩，忘了“老板的存在”……

总之，功臣让老板产生威胁感、剥夺感，老板自尊被损，又不愿功臣成为负担，从义理、私心考量，不得不假借各种名目把“功臣”杀了。说句老实话，有时候“功臣”还不得不杀，因为有些功臣在立下“战功”后，会认为自己的功劳天大地大，其嚣张跋扈反而成为大局的危险因素。杀了他，反而可使大局清明稳定，所以“杀功臣”这件事并不见得都应受到责备。

不过，再怎么说，“杀功臣”之事总是令人伤感，而一个人若有能力，也不必避免当“功臣”，倒是“天下”打下来之后，自己的态度要有所调整：

1.急流勇退，另谋出路。功臣不是必然会被杀，但被杀的可能性永远存在，因此与其待得越久，危险性越高，还不如在老板“珍惜”你时，以最风光的方式离开，为自己寻找另一片天空。也许你走不掉，至少这个“退的动作”也是表态，老板会欣赏你这个动作的。

2．隐姓埋名，不提当年勇。也就是说，如今只有老板的名字，你的名字“消失”了，一切荣耀归于老板，你从此“没有声音”，也不可提当年勇；你一提，不就在和老板抢风头吗？他是不会高兴的。

3．淡泊明志，终生为“臣”。利用各种时机表现自己无自立为“王”的野心，永远是老板的人。你若野心勃勃，老板怕控制不了你，又怕商机被夺，迟早会对你下“毒手”。

4．与时俱进，自显价值。很多“功臣”认为“理所应得”很多利益而不做事，然后成为退化的一群，因而被“杀”。因此要保全自己，必须随时显露自己的价值，让老板觉得少不得你，否则一旦成为“废物”，就会被当成“垃圾”丢掉，谁会在乎你曾是“功臣”呢？

廖先生的遭遇很令人同情，但恐怕他也有需要检讨的地方。

不要锋芒太露

有些人，总在众人面前显示自己的博学多才，孰不知这是有智者最忌讳的。

当领导的，没有哪个人不想美名远扬，殊不知这里面潜伏着无数的危机。因此，古代大臣中的一些大智者，总注意把握住分寸，不要使自己的光芒太耀眼，以致使得君主的形象显得相形见绌，黯然失色。

萧何是最早支持并参与刘邦起事的亲信，后在秦灭楚兴汉的事业中立有大功。刘邦在论功行赏时，将他排在功臣之首，并给了他可以佩剑穿履从容入宫朝见的特殊待遇，以示恩宠。

后来韩信被诬为谋反，当时刘邦率兵出征在外，是萧何为吕后设计除掉了韩信，解除了刘邦心头的一大患。萧何由此从丞相提升为相国，封地增加了 5000 户，还给了 500 名士卒做他的警卫，朝中大臣无不向他表示祝贺。当时，只有一个叫陈平的秦朝遗老独去致哀，对萧何说：“你不久将有大祸临头了，如今主上风餐露宿转战于外，而足下坐镇京师，并未立有战功，主上之所以给你增加封地，设置卫队，是由于韩信刚刚谋反，主上对你心存怀疑，以此加以笼络，并非是对你的宠信。请足下让出封赏不要接受，并将自己的家产拿出来资助前方军队，主上必然高兴。”萧何认为他说得十分有理，依计而行，刘邦果然十分高兴。又过了一年，英布谋反，刘邦又一次率兵出征，却从前线一再派回使臣打听萧何在干什么。萧何在京师尽心尽责地安抚百姓，筹备粮草，输送前线，如同他多年来所做的那样。又有人对萧何说道：“足下不久将有灭族的大祸了。足下如今位为相国，功列第一，官不可再升，功不可再加，可足下自入关中十几年来，深得民心。如今主上派使臣来打听足下的情形，是担心足下名声太大，对他构成威胁。足下何不到处压价买田，高利放债，使民有怨言？只有如此，主上才会对你放心。”萧何按他的建议做了，刘邦果然十分高兴。

当刘邦班师回朝时，老百姓纷纷拦路上书，状告萧何，刘邦一点儿也不怪罪萧何，反而将老百姓的状纸交给萧何，笑着对他说：“你自己处理吧！”

萧何是刘邦的贫贱之交，刘邦亲口将他封为第一功臣，为什么刘邦对他还不相信呢？这是因为，政治斗争是一个不断的、一分为二的裂变过程。当年项羽、刘邦共同对付秦朝，秦朝灭亡了，项羽、刘邦这一对盟友翻了脸，打了起来；项羽被消灭了，刘邦集团内部又发生了裂变，中途入伙的韩信、英布又被刘邦视为异己的力量；韩信、英布垮台了，刘邦的核心集团又该找出新的打击对象了。

萧何树大招风，自然首当其冲。萧何虽然不断地自毁名声，却并未能消除刘邦的猜疑，就在刘邦将状纸交给萧何的同时，因萧何顺便请求将皇家花园中的荒废土地拨出一些交给百姓耕种，刘邦立刻变了一副面孔，说萧何故意讨好百姓，将他收进监狱。

最高掌权者的逻辑是这样的：你盘剥百姓，结怨于民，那是不足挂齿的小事，他不仅不会管，还会加以纵容；你要真正想替百姓办一两件好事，说一两句公道话，而影响了他的权威、名声，他便非要整治你不可。

只有北海王曹表，为人谨慎，勤奋好学，没有任何过错。那些监督他的官员说：“我们奉皇帝的命令来监督大王的行动，有过错就应当举奏，有善行也应该据实报告。”于是联名写了份报告，称赞曹表的美好品德。

曹表一听到这个消息，吓得大惊失色，指责官员们说：“严格要求自己，这是任何人都应该如此的，而你们却报告了朝廷，这岂不是给我增加麻烦吗？如果我真的有什么好品德，朝廷自然会知道，你们这样联名上书，只怕会适得其反！”

曹表曾对儿子说:“与其因受到宠爱而遭受灾祸，不如贫贱而无灾无难。”他的生活十分俭朴,并让妃妾们亲自动手纺线织布,如同平民之家一样,因此他最后得以保全性命。

从这两个例子可以看出,在特殊情况下,应当适时地“藏而不露”,这并不是一种逃避,而是一种处世的方法。

大智若愚,大巧若拙

迟钝,而且是佯装迟钝,是有些人最难做出来的,但它却是吸引人的重要因素之一。因此,即使是反应相当敏锐的人,最好也不要完全显露于外,而要佯装迟钝一些。

头脑太聪明、个性太精明的人,通常都很难应付。因为他们脑子整天转个不停,不论什么事情都会预测好,让人有松懈不得的感觉。一旦发现别人的缺点,便会立即指出来,即使没有当场表明,也会让对方觉得:“这个人不知道有什么企图!”警戒之心自然而生。这种让人随时心生警戒的人,怎么还有魅力可言呢？所以,如果让这种类型的人物登上领导者的宝座,部下们恐怕就没有好日子过了。领导者的主要任务,即是让部下的能力得到充分发挥。

领导者必须从部下身上得到自己的立场无法触及的想法，同时也要让部下在自己无法照顾到的方面充分活动才行。

如果领导者的眼光太过敏锐，与之接触的人都会受其指责，如此一来,部下当然不会轻易将自己的真正想法告诉领导者,并将自发性的活动压抑下来;同时,领导者虽没有实际采取指责部下缺点的行动,但平常表现得过于敏感的话,部下也自然会畏缩,因为他们的内心会认为:“我何必自找麻烦,以致被上司挑毛病。”

由此可知,领导者的表现如果过于敏感,便成为使部下充分发挥所能的障碍。如果领导者能稍微掩饰自己的锋芒，使部下的能力得以充分发挥,那才是一位魅力十足的成功领导者。

如此看来,迟钝不仅可以成为点燃下属智慧的火花,而且还可以隐藏锋芒,使自己逃脱众矢,从而成功地保全自己。

第三章

快乐人生 善待自己

看得开,想得透,但做不到,这常是我们为人处世的通病。我们容易将别人的事看得如水中倒影般明澈,而一旦涉及自己,就会有“老眼昏花”之态。没有一个人是常胜的,所以每一个人必须善待自己的失败。失败也是人生的一种营养,能够促使一个人更好地奋发向上,最后摘取成功的桂冠。

乐观面对自己的前途

人生如同一只在大海中航行的帆船，掌握帆船航向与命运的舵手便是自己。有的帆船能够乘风破浪，逆水行舟，而有的却经不住风浪的考验，过早地离开大海，或是被大海无情地吞噬。

之所以会有如此大的差别，是因为舵手对待生活的态度不同所致。前者被乐观主宰，即使在浪尖上也不忘微笑；后者是悲观的信徒，即使起一点风也会让他们胆战心惊。一个人面对生活是闲庭信步，还是消极被动地忍受人生的凄风苦雨，都取决于对待生活的态度。态度决定命运，态度决定人生。

生活如同一面镜子，你对它笑，它就对你笑；你对它哭，它也以哭脸相示。持什么样的心态，也就决定拥有什么样的人生。

悲观主义者说："人活着，就有问题，就要受苦；有了问题，就有可能陷入不幸。"即使一点点的挫折，他们也会有千种愁绪、万般痛苦，认为自己是天下最苦命的人。一如英国哲学家罗素所形容的，"不幸的人总自傲着自己是不幸的"。悲观主义者用不幸、痛苦、悲伤建成一间屋子，然后自己钻了进去，并大声对外界喊着："我是最不幸的人。"因为自感不幸，他们内心便失去了宁静，于是不平、羡慕、嫉妒、虚荣、自卑等悲观消极的情绪便应运而生。其实，这是他们自己抛弃了快乐与幸福，是他们自己一叶障目，视快乐与幸福而不见。

乐观主义者说："人活着，就有希望；有了希望就能获得幸福。"他们能在平淡无奇的生活中品尝到甘甜，因而快乐就能如清泉，时刻滋润着他们的心田。

任何事物本身都没有快乐和痛苦之分，快乐和痛苦是我们对它的感受，是我们赋予它的特征。同一件事情，从不同角度去看待，就会有不同的感受。一个人快乐与否，不在于他处于何种境地，而在于他是否拥有一颗乐观的心。

对于同一轮明月，在泪眼蒙眬的柳永眼里是："杨柳岸，晓风残月，此去经年，应是良辰美景虚设。"而到了潇洒飘逸、意气风发的苏轼那里，便又成为："但愿人长久，千里共婵娟。"同是一轮明月，在不同心态的人眼里，便是不同的。人生也是如此。

上天不会给我们快乐，也不会给我们痛苦，它只会给我们的生活添加佐料，调出什么味道的人生，那只能在于我们自己。你可以选择一个快乐的角度去看待它，也可以选择一个痛苦的角度，如同做饭一样，你可以做成苦的，也可以做成甜的。所以，你的生活是笑声不断，还是愁容满面，是勇往直前，还是停滞不前，这全都在于你自己。

朋友，乐观是一个指南针，可指引你驶向成功的彼岸；乐观是一剂良药，可以医治苦难的伤痛。为了美好的人生，请让乐观主宰你自己！

微笑能改变你的生活

威廉·史坦哈已经结婚18年了。在这段时间里，从早上起来，到他要上班的时候，他很少对自己的太太微笑，或对她说上几句话。史坦哈觉得自己是百老汇最闷闷不乐的人。

后来，在史坦哈参加的继续教育培训班中，他被要求准备以微笑的经验发表一段谈话，他就决定亲自试一个星期看看。

史坦哈要去上班的时候，他会对大楼的电梯管理员微笑着，说一声“早安”，他还微笑着跟大楼门口的警卫打招呼，对地铁的检票小姐微笑，当他站在交易所时，他对那些以前从没见过自己微笑的人微笑。

史坦哈很快就发现，每一个人也对他报以微笑。他以一种愉悦的态度，来对待那些满肚子牢骚的人。他一面听着他们的牢骚，一面微笑着，于是问题就容易解决了。史坦哈发现微笑带给自己更多的收入，每天都带来更多的钞票。

史坦哈跟另一位经纪人合用一间办公室，对方是个很讨人喜欢的年轻人。史坦哈告诉那位年轻人最近自己在微笑方面的体会和收获，并声称自己很为所得到的结果而高兴。那位年轻人承认说：“当我最初跟您共用办公室的时候，我认为您是一个非常闷闷不乐的人。直到最近，我才改变看法，当您微笑的时候，充满了慈祥。”

拿破仑·希尔在《思考与致富》一书中写道：“你的笑容就是你好意的信使。你的笑容能照亮所有看到它的人。对那些整天都看到皱眉头、愁容满面、视若无睹的人来说，你的笑容就像穿过乌云的太阳；尤其对那些受到上司、客户、老师、父母或子女的压力的人，一个笑容能帮助他们了解一切都是有希望的，或者说，世界是有欢乐的。"

笑不仅能使心灵感到平静，还有其他效果。诱使人发笑的故事里面必须要有出人意料的笑料，绞尽脑汁地制造这种意外性就使人的想法变得丰富起来，并成为产生新东西的原动力。

世界上的每一个人，都要追求幸福，有一个可以得到幸福的可靠方法，就是以控制你的思想来得到。幸福并不是依靠外在的情况，而是依靠内在的因素。记住：微笑能改变你的生活。

快乐取决于你的选择

在这个世界上，无论身份、地位如何，每个人都要面临同样的遭遇：生、老、病、死，都会遇到这样或那样的挫折。但是，人们的生活状态却大不相同，有的人始终面带微笑、快快乐乐，但有的人却在忧虑和焦躁中度过一生。也许你会说每个人的遭遇各不相同，当然会有人高兴，有人悲伤。是的，每个人的环境和际遇并不一样，但他们的情绪和心理真的是由外在的环境造成的吗？

不知你是否听过这样一个故事：

一位国王住在富丽堂皇的王宫里，可他并不快乐，因为各种各样的原因，他常常忧心忡忡，闷闷不乐。他吃不下饭，睡不好觉，后来，身体变得非常虚弱。太医来为他看病，开了一个药方：如果他穿上全国最快乐人的衬衫，病就会好。于是侍卫出宫寻找最快乐的人。侍卫先来到首相家里，他认为首相是全国除了国王最有权势的人，应该最快乐。但是，首相说："我每天都担心国家有没有灾害，会不会发生战争，国王的身体怎么样。我一点都不快乐。"侍卫又来到最富有的商人家，商人却说："这笔货物能不能卖个好价钱，我要操心；借出去的钱能不能按时收回来，我会惦记，我不快乐。"侍卫没法回去交差，失望地在街上闲逛。忽然，他听到一阵歌声，他顺着声音找去，只见一个流浪汉正躺在大树下，悠闲地唱歌。他走过去，坐下来和流浪汉聊天。他问流浪汉为什么这么高兴。流浪汉说："我刚刚吃了一顿饱饭，而且你看，今天的天气多好，你仔细闻一闻，微风把花园里的花香都送过来了。我当然快乐了。"侍卫发现这个流浪汉才是全国最快乐的人，他高兴极了，连忙向流浪汉说明了来意。流浪汉说：“我很愿意帮忙，但是，我一件衬衫也没有。”

其实快乐不在于你拥有多少财富，也不在于你的地位如何，而在于你以什么样的态度来面对人生。

中国有句古话：人生不如意事十有八九。就是说，在我们的一生中，困难和挫折是经常要面对的老朋友。面对这样的人生，如果我们把快乐与否的条件寄托在自己的际遇的一帆风顺上，那你就是在对生活提出不切实际的妄想。怀有这样的念头，你就会觉得生活中处处都有麻烦，什么事情都不能让你满意，你当然不会感到快乐。

请记住，快乐不取决于生活中有没有麻烦和问题，而是取决于你的内心。当你以坦然、平静的态度来面对生活中的遭遇时，你会发现自己没有理由不快乐，因为如果你盘点自己所拥有的就会知道，你得到的远比你失去的多得多。

我们无法决定外在的环境，但是我们能够选择我们对待环境的态度。

曾经有人问英国文学家萧伯纳：“请问乐观主义者与悲观主义者的区别何在？”萧伯纳回答道：“这很简单，假如桌子上有一瓶剩下一半的酒，看见这瓶酒的人如果高喊：‘太好了，还有一半。’这就是乐观主义者；如果有人对着这瓶酒叹息：‘糟糕，只剩下一半。’这就是悲观主义者。”

同样的一瓶酒，两个人却得出了不同的结论，他们的心情也截然相反。可见，并不是外在的事物决定我们的情绪，而是我们的生活态度决定我们的情绪。

在畅销书《人性的优点》中，戴尔·卡耐基先生告诉人们，快乐在于自己的选择。在书中，为了证明这一点，卡耐基先生举了一个真实的例子。一位曾经患有严重神经衰弱症的青年人讲述自己的亲身经历，他可以让我们明白对待人生的态度有多么重要。

“不知从什么时候开始，我就陷入了不安和烦恼之中，担心自己是不是太瘦了？头发会不会很快掉光？结婚的费用够不够？女朋友会不会离我远去？以后的生活会幸福吗？万一我失业该怎么办？这一切使我情绪烦躁、坐立不安。我还担心自己会不会给别人留下一个好印象。精神上的压力逐渐增大，时刻处于紧张的状态之中，就像高负荷下的保险丝，随时可能崩溃。因为无法安心工作我决定自动辞职，但辞职之后，精神更加痛苦。

由于神经衰弱，不敢与别人说话。独自一人又无法控制自己的想法，心中充满了恐惧，每当听到一丝响动，都会心惊胆战。天天为如何熬过这痛苦的一天而苦恼，甚至有从高楼上跳下去的冲动。无论身体有多么巨大的痛苦，也比不了因精神紧张而产生的心理上的折磨。

朋友们劝我到外地走一走，换换环境。我同意了。临行前，父亲交给我一封信并再三叮嘱，不到目的地之前不要打开看。我来到一个海滨城市，当时正是旅游旺季，饭店都是客满，费了很大周折才租到一个小房间。我本想在此地找一份工作，可是我找了很多地方都失败了。我独自徘徊在海边消磨时间，觉得自己在这里比在家里时还要失败，还要可怜。我想起父亲的信，便打开看。信中这样说：'孩子，现在你离家已经有上千公里，是不是觉得没有什么差别？这一点我早已料到，为什么呢？因为你把原有的烦恼也带到了那里。孩子，其实你本身没有什么毛病，也没有什么解决不了的问题困扰着你。你的问题的症结就在于你的思想，人完全是被思想控制的，你如果能明白这句话的道理，那你就回来吧！能击败错误思想的人，比攻克城堡的战士还要强得多。'仔细看完父亲的信，我突然感到自己可以清晰地思考人生，思考这个世界。这个时候我才发现自己以前是多么愚蠢，才开始明白，世界是自由的，而我却困在我自己营造的监牢里。

第二天我就收拾行李踏上归途。一星期后，我又回到原来的岗位上工作；四个月后，我同以前一直担心是否会分手的姑娘结了婚，开始了自己的生活。当初患神经衰弱症的时候，我是一家小超市的收款员，现在我自己已经拥有了 5 家连锁超市。我现在的生活起居正常，与他人的交往也非常顺利。我很满意生活给予我的一切，体会到人生的价值是何等崇高。每当遇到烦恼不安情绪的袭扰，我都会冷静地思考，然后对自己的情绪加以调整。当我知道思考可以强有力地影响人的身心健康之后，反觉得以前所患的神经衰弱症不过是一次让我受益匪浅的教训。现在我再也不会庸人自扰、胡思乱想了。我感到任何人都能改变自己的思考方式，赶走心中的烦恼、忧虑和不安，彻底改变自己的生活状态。除此之外，我还相信人能战胜一切，无论发生什么样的重大变故，其后果都是可以通过人的努力加以影响的。所以无论以后发生什么样的事情，我都不觉得奇怪。"

这位年轻人生活的实际状况并没有什么变化，但是他却从忧心忡忡转变为快乐轻松，唯一变化的是他的心态。他以前担心的问题仍然有可能发生,但他用乐观的人生态度使自己从焦虑走向了成功。由此可见,只有你自己才能使生活变得更加快乐。法国思想家笛卡尔说:“人们常常认为被某一件事伤害了,其实,这种伤害大多起源于你自己对这件事的看法。”中国也有这样的诗句:“春有繁花秋有月,夏有凉风冬有雪。若无闲事在心头,便是一年好时节。”也就是说,事情的结果往往取决于你对事物的看法和态度,而你的看法来源于你的思想。所以,你要明白,快乐的人生不是上天的赐予,而是你的选择。

一位中年男子的亲身经历可以让你明白,人的快乐只在于你自己的选择。40 岁时,他得了猩红热,经过长时间的治疗,刚刚痊愈,却又患了严重的肾病。他去了很多家著名的医院,走访了许多名医,都没有什么结果。他的病情在不断加重,甚至医生劝告家人赶快为他准备后事。这位患者后来回忆说:“当时我也觉得没有指望了,回到家中,先看看保险金是否全部付清了,然后一声不响地发呆,我干脆就是坐在那里等死。这样又过了几天,有一天,我忽然觉得自己是不是太愚蠢了,谁能肯定奇迹就不会降临到我身上呢?就算要死,那为什么不在剩下的时间里快乐地生活呢?哪怕快乐一天也是好的。于是我开始面露微笑,昂头挺胸,装出什么都不在乎的样子。最初我还觉得勉强,几天之后便习惯了。我感到自己的心情变得开朗起来,不再像以前那么闷闷不乐。原以为这是装出来的,过一天算一天。可没有想到,精神轻松之后,身体也开始好转。慢慢地,我的身体恢复了健康,血压也降了下来,我从死亡的边缘逃了回来。假如我一直忧虑下去,肯定会像医生所说的那样,由家人为我料理后事了。从此我开始明白,除了改变自己的精神状态,没有别的办法可以自我解救。”

如果你能做到保持精神上的快乐,你会发现,事情并不像你想象得那样可怕。甚至你的快乐也会感染到你周围的人,你也因此会更加快乐。如果你心里始终有自己的生活目标,再加上自己谨慎的思考,你就可以征服一切困难,取得非凡的成就。即使你没有让人羡慕的财富和地位,你也可以让自己拥有一个快乐的人生。

按照宗教的说法,神赐予人类最强大、最有力量的礼物就是人类的大脑。善于运用它,人类就可以支配整个世界。在支配世界之前,让我们先学会控制自己的情绪,消除那些消极的心理状态,这样你就能把握自己的命运,把握住自己的人生。

有一种资本是微笑

有一个软件工程师升官不成,甚至老板还要他做检讨,这让他很是想不通。于是,他问老板为什么不能提升他。

老板回答:“因为你缺乏团队精神。”

他吃惊地问道:“怎么会呢? 我一向很尽忠职守啊!”

老板回答得很离谱:“但是我发现你在公司的大合照里没有笑。”

你以为这是一则笑话? 错了,这是一则发生在美国的真实故事。而这个千真万确的例子正巧被《呆伯特法则》的作者史考特·亚当斯知悉,他把这个荒谬的剧情画进他的漫画里。当你站在繁忙的街头,可否注意过往来行人的表情?

有多少人在笑? 有多少人看上去快乐满意? 我们的国家几乎成了机器人的王国,大家像盲蚁一样,匆匆忙忙,跑来跑去,担心这个,烦恼那个。真想对笑来一次统计,看看每人每天笑过多少次。

我们不是很愚蠢吗? 摇摇晃晃地把整个世界扛在肩上, 还要皱着眉头,增加不必要的皱纹。你可知道:忧郁的情绪可能置人于死地。詹姆士·沃尔什博士曾经指出:爱笑的人平均寿命比不爱笑的人要长。可是,很少有人知道健康与笑容有关。

我们不但忘了怎样笑,而且忘了笑的重要性。倒是古人深知其理,甚至在吃饭时,还要让小丑表演逗笑,以助消化。

萨米·戴维斯谈及成功的问题时说:“我不知何谓成功,但我知道失败是什么。失败就是想要讨每个人的欢心。”

奥格·曼狄诺指出:“如果你打算博得所有人的喜爱,而你已经忘了如何嘲笑别人和自己,那么现在是改变一下自己的时候了,别把别人和自己看得过重。你虽然是造物主最伟大的奇迹,但也千万别把自己弄得面无笑容。”

希尔顿旅馆是先以微笑誉满全球,而后才以旅馆规模居环球之冠的。希尔顿于 1887 年生于美国新墨西哥州,他父亲去世之时,只给年轻的希尔顿留下了 2000 美元遗产。希尔顿加上自己的 3000 美元,只身去得克萨斯州买下了他的第一家旅馆。当旅馆资产增加到 5100 万美元的时候,他欣喜而自豪地告诉了他的母亲。但是,他母亲却淡然地说:“照我看,你跟从前根本没有什么两样,现在的你只是把领带弄脏了一些而已。事实上你必须把握比5100万元更值钱的东西。除了对顾客诚实之外,还要想办法使每一个住进希尔顿旅馆的人住过了还想再来住。你要想这样一种简单、容易、不花本钱却行之可久的办法去吸引顾客,这样你的旅馆才有前途。”

希尔顿听后,苦苦思量母亲严肃的忠告:究竟什么“法宝”才具备母亲所指示的“一要简单,二要容易做,三要不花本钱,四要行之可久”这四大条件呢?终于希尔顿想出来了:“这个法宝一定是微笑。只有微笑具有这四大条件,也只有微笑能发挥如此大的影响力!”他要求员工,即使再辛劳也必须对旅客保持微笑。他确认:微笑将有助于希尔顿旅馆世界性的大发展。

从1919年到1976年,希尔顿旅馆从1家扩展到70家,遍布世界五大洲的各大都市,成为全球最大规模的旅馆之一。57年来,希尔顿旅馆生意如此之好,财富增加得如此之快,其成功的秘诀之一,当有赖于服务人员“微笑”的影响力。希尔顿旅馆总公司的董事长,89岁高龄的康纳·希尔顿在这50多年里,不断到他分设在各国的希尔顿旅馆视察业务。他每天至少与一家希尔顿旅馆的服务人员接触。他向各级人员(从总经理到服务员)问得最多的一句话,必定是:“你今天对客人微笑了没有?”

奥格·曼狄诺指出:“一个人可以没有资产,可以没有后台,但要有信心有微笑,就有成功的希望!”

快乐的意义和价值

人活多少年,就该快乐多少年。

一个人要想生活得幸福,必须充分认识到快乐的巨大意义和巨大价值,有追求快乐的强烈意愿,培养强烈的快乐意识、快乐理念,把快乐作为日常生活的必修课。

在生活中,性格好的人总能看到生活中好的东西,对于这种人来说,根本就不存在什么令人伤心欲绝的痛苦,因为他们即使在灾难和痛苦之中也能找到心灵的慰藉,正如在最黑暗的天空中,他们总能或多或少地看见一丝亮光一样。尽管天上看不到太阳,重重乌云布满了天空,但他们还是知道太阳仍在乌云上,太阳的光线终究会照到大地上来。

这种使人愉悦的性格不会遭人妒忌。具有这种性格的人,他们的眼里总是闪烁着愉快的光芒,他们总显得欢快、达观、朝气蓬勃,他们的心中总是充满着阳光。当然,他们也会有精神痛苦、心烦意躁的时候,但不同于别人的是:他们总是愉快地接受这种痛苦,没有抱怨,没有忧伤,更不会为此而浪费自己宝贵的精力,他们只是拾起生命道路上的花朵,奋勇前行。

这种愉快的性格主要是天生的,但正如其他生活习惯一样,这种性格也可以通过训练和培养来获得或得到加强。我们每个人都有可能充分地享受生活,也有可能根本就无法懂得生活的乐趣,这在很大程度上取决于我们从生活中提炼出来的是快乐还是痛苦。我们究竟是经常看到生活中光明的一面还是黑暗的一面,这在很大程度上决定着我们对生活的态度。任何人的生活都是两面的,问题在于如何去审视生活。我们完全可以运用自己的意志力量来做出正确的选择,养成乐观、快乐的性格,而不是相反。因为,乐观、豁达的性格有助于我们看到生活中光明的一面,即使是在最黑暗的时候。

具有乐观、豁达性格的人,无论在什么时候,他们都感到光明、美丽和快乐。他们眼睛里流露出来的光彩使整个世界都溢彩流光。在这种光彩之下,寒冷会变成温暖,痛苦会变成舒适。这种性格使智慧更加熠熠生辉,使美丽更加迷人灿烂。有人把快乐的心情称为"蔚蓝色的天空",快乐的心情像一股永不枯竭的清泉,快乐的心情就是一首永无止境的欢歌,它使人的灵魂得以宁静,使人的精力得以恢复,使美德更加芬芳。人的精神、灵魂、美德都从这种愉悦的心情中得到滋润。

快乐来自于当前的生活,当你突然感到周围的微风拂过树梢、枝头弯折、山坡顶的薄雾和明亮的天空全都是你心情的延伸之时,你就会感受到快乐。

予人快乐就是予己快乐

英国《太阳报》曾以"什么样的人最快乐"为题,举办了一次有奖征答活动,应征的 8 万多封来信中,被评出的4个最佳答案是:

1.作品刚刚完成,吹着口哨欣赏自己作品的艺术家;

2.正在用沙子筑城堡的儿童;

3.为婴儿洗澡的母亲;

4.千辛万苦开刀后，终于挽救了危重病人生命的外科医生。

要使自己成为快乐的人，从第一个答案中，我们知道必须工作。有工作，有成绩，就会使人快乐；第二个答案告诉我们，要学会快乐，必须充满想象，对未来充满希望；第三个答案告诉我们，要学会快乐，一定要心中有爱，那种无私的、不计报酬的爱；第四个答案告诉我们，要学会快乐，一定要有能力，要有助人为乐的技能。只有这样的人，世人才会给他最美妙的报偿，正所谓“予人快乐，予己快乐”。

给予是快乐的源泉，为别人带来快乐的同时，我们自己也会处于快乐的包围之中。快乐是可以分享的，你分享给别人的东西越多，你获得的东西就会越多。你把幸福分给别人，你的幸福就会更多。但是，如果你把痛苦和不幸分给别人，那你得到的也只能是痛苦和不幸。如果你整天以一张愁眉苦脸待人，那别人就会以同样的面孔对你，于是你看到了更多的愁容；相反，如果你以笑脸相迎，你会看到更多的笑脸。

从前有个国王，非常疼爱他的儿子，总是想方设法满足儿子的一切要求。可即使这样，他的儿子仍是整天眉头紧锁，面带愁容。于是国王便悬赏找寻能给儿子带来快乐的能士。

有一天，一个大魔术师来到王宫，对国王说有办法让王子快乐。国王很高兴地对他说：“如果你能让王子快乐，我可以答应你的一切要求。”

魔术师把王子带到一间密室中，用一种白色的东西在一张纸上写了些什么交给王子，让王子燃起蜡烛，注视着纸上的一切变化，快乐的处方会慢慢在纸上显现出来。

王子遵照魔术师的吩咐燃起蜡烛，在烛光的映照下，他看见纸上那白色的字迹化作美丽的绿色字体：“每天为别人做一件善事！”王子按照这一处方，每天做一件好事，当他看见别人微笑着向他道谢时，他开心极了。很快，他就成了全国最快乐的人。

朋友，把你的快乐和幸福和别人分享吧，你分给别人的快乐越多，你得到的快乐就会越多。

你的快乐没有人能够夺去

快乐纯粹是内在的，它不是随物质客体，而是随着观念、思想和态度而产生的。阿伯拉罕·林肯指出：“只要心里想快乐，绝大部分人都能如愿以偿。”

环境本身并不能使我们不快乐，我们的反应决定我们的感觉。乔治五世挂在白金汉宫上的一句名言是：“不要为月亮哭泣，也不要因事后悔。”

有一天，伊丽莎白·康妮接到国防部的电报，说她的侄儿——她最爱的一个人，在战场上失踪了。

康妮一下子心跳不止，寝食难安。过了不久，她又接到了“阵亡通知书”。此时，康妮的心情跌进谷底。

在那件事发生以前，康妮一直觉得自己命运很好。她说：“伟大的上帝赐给我一份喜欢的工作，又让我顺利地抚养大了相依为命的侄儿。在我看来，我侄儿代表着年轻人美好的一切。我觉得以我以前的努力，现在应该有很好的收获……”

然而，现在却来了这样一份电报，她的整个世界都被粉碎了，她觉得再也没有什么值得自己活下去了，她找不到继续生存下去的理由。她开始忽视她的工作，忽视她的朋友，她抛开了生活的一切，对这个世界既冷淡又怨恨。“为什么我最爱的侄儿会死？为什么这么个好孩子还没有开始他的生活就离开了这个世界？为什么他应该死在战场上？”她觉得自己没有办法接受这个事实。她悲伤过度，决定放弃工作，离开家乡，在眼泪和悔恨中度过余生。就在她清理桌子准备辞职的时候，突然看到一封她已经遗忘的信——那是她的侄儿生前寄来的信。那时，侄儿的母亲刚刚去世。他在信上说：“当然我们都会想念她，尤其是您。不过我知道您会平静度过的，以您对人生的看法，就能让您坚强起来。我永远不会忘记那些您教给我的美丽的真理。不论我在哪里生活，不论我们分离得多么遥远，我永远都会记得您的教导：微笑面对生活，像一个男子汉去承受一切发生的事情。”

康妮把那封信读了一遍又一遍，觉得侄儿就在自己的身边，正在向自己说话。他好像在对自己说：“您为什么不照您教给我的办法去做呢？坚持下去，不论发生什么事情，把个人的悲伤藏在微笑的后面，继续生活下去。”

侄儿的信给康妮以莫大的鼓舞，她觉得人生又充满了期望，她又回去工作了，她不再对人冷淡无礼。她一再对自己说：“事情到了这个地步，我没有能力改变它,不过我能够按他所希望的那样继续活下去。”

康妮把所有的思想和精力都用在工作上，她写信给前方的士兵——那些别人的儿子们;晚上,她参加成人教育班,要找出新的兴趣,结交新的朋友。她几乎不敢相信发生在自己身上的种种变化。她说:“我不再为已经过去的那些事悲伤，现在我每天的生活都充满了快乐——就像我的侄儿要我做到的那样！”

伊丽莎白·康妮学到了我们所有人迟早都要学到的事情,这就是我们必须深知覆水难收的道理。很显然，环境本身并不能使我们快乐或不快乐，我们对周围环境的反应才能决定我们的感觉。著名伦理学家R·W·爱默生说:“心理健全的衡量是到处都能看到光明的秉性。”

快乐或随时保持人的思想愉悦的观念，能够在漫不经心的练习中巧妙地、系统地培养出来。首先,快乐不是在你身上发生的事,而是你自己所做的、取决于你自己的事。如果你等着快乐主动降临,或者碰巧发生,或者由别人带来,那你可能要等很长时间。除了你自己以外,谁也无法决定你的思想。如果你等着环境来“验证”你所进行的快乐思维,你就可能要等上一辈子了。任何一天都有好与坏,没有哪一天、哪种环境是百分之百的好。《本杰明·富兰克林自传》中写道:“能否快乐的关键问题仅仅在于我们主要注意哪一方面,我们的思想集中在哪一方面。”

不要为自己的快乐限定条件

喜乐如良药使人健康,忧愁如恶疾致人死亡。别让多愁善感来折磨自己。快乐使人长寿,并使生活更有意义。

在生活中,努力追求快乐和幸福是明智的。为了获得真正的快乐,千万不要为自己的快乐限定条件。

别说:“只要我赚到1万元,我就开心了。”

别说:“我只要搭上往巴黎、罗马、维也纳的飞机,就快乐了。”

别说:“我到60岁退休的时候，只要卧在躺椅上晒晒太阳，就高兴了。”

生活中的快乐,不应该有条件。

无论你是百万富豪还是穷光蛋，每一天都应该有一个基本的目标——喜悦地享受生活。患得患失的百万富豪会对自己说:“有人会偷走我的钱,然后就没有人理睬我了。”而意志坚强的穷光蛋会对自己说:“债主在街上追我的时候,我正好可以运动一下。”

不要愚弄你自己,如果你真的想要得到生活的乐趣,你能够找到,但要有一个前提条件:你必须有这份福气消受。

有许多无福消受生活乐趣的人,他们在功成名就之后,非但不能松弛,反而更趋紧张。在他们心目中,似乎总是受到追逐——疾病、诉讼、意外、赋税,甚至还包括了亲戚的纠缠。直到再度尝到失败的滋味以前,他们无法松弛心神。

生活乐趣应从微小事物中去寻求:美味的食物、真诚的友谊、温煦的阳光、快乐的微笑等等。

莎士比亚在《奥赛罗》一剧中写道:“快乐和行动,使得时间变短了。”不论时间的长短,让你的时间充满愉悦的笑声。对于认为快乐并非生活中一部分的人应该一笑置之,因为他们是无知的一群;但是你也要原谅他们,因为他们不像你这么睿智聪明。

快乐是真实的,是内发的;除非获得你的允许,否则没有人能够令你苦恼。

你每天都应该记住:快乐是你赠送给自己的礼物,不是圣诞节的点缀,而是全年的喜悦。

我们快乐的时候,可以想得更好,干得更好,感觉得更好,身体也更健康,甚至身体感觉都变得更灵敏。一项研究发现,人在快乐的思维中,视觉、味觉、嗅觉和听觉都更灵敏,触觉也更敏锐。人进入快乐的思维或看到愉快的景象,视力立即得到改善;人在快乐的思维中记忆会大大增强,心情也很轻松。精神医学证明:在快乐的时候,我们的所有的内脏都会发挥更有效的作用。

辛德勒博士说:不快乐是一切精神疾病的唯一原因,而快乐则是治疗这些疾病的唯一药方。看来,我们对于快乐的普遍看法有些是本末倒置的。我们说:“好好干,你会快乐。”或者对自己说:“如果我健康、有成就,我就会快乐。”或者教别人:“仁慈、爱别人,你就会快乐。”其实更正确的说法是:“保持快乐,你就会干得好,就会更成功,更健康,对别人也就更仁慈。”

快乐不是挣来的东西,也不是应得的报酬。快乐不是道德问题,就像血液循环不是道德问题一样。快乐与血液循环二者都是健康生存的必要因素。快乐不过是“我们的思想处于愉悦时刻的一种心理状态”。一位哲人说过:“快乐不是美德的报酬,而是美德本身;我们不是由于抑制欲望而享受快乐,相反,我们享受快乐才能抑制欲望。”

快快乐乐过一生

生活的每个角落都有快乐,只要你用心体验。

当你在探求人生的快乐的时候,可能有两种类型的动机:一是比较普遍的动机,称为“不完美的动机”,或“有缺陷的动机”;二是比较健全的动机,称为“成长的动机”。

如果你在显微镜下观察一块石头,你会看到这块石头没有任何变化。如果你在显微镜下观察一片珊瑚,你会发现,它在成长,在变化。因为,珊瑚有生命,而石头没有生命。生命的本质在于成长。这对于人类来说也是一样。如果你在成长,表明你是有生命的;如果你停止了成长,你便失去了生机。

以发展为动力,就意味着发挥自己的生命力以取得更大的幸福,而不是因为自己有某些过失或不足,才感到有必要去提高。当你决定要使自己陷入惰性或产生不健康情绪时,你已经做出停止发展的决定了。

将成长作为动机,必然会在人生的各个阶段。把握自己,意味着你是自己命运的主宰者,你选择了适合自己的天地,而不是成为一个随波逐流的人。英国文学家萧伯纳在他的名作《华伦夫人的职业》中写道:“人们通常将自己的一切归咎于环境,而我却不迷信环境的作用。在这个世界上,有所作为的人总是奋力寻求他们所需要的环境;如果他们未能找到这种环境,他们也会创造自己的环境。”

改变你的思维方式,或者改变生活方式是可能的,然而这却是一个艰苦的过程,是一个需要花费精力、体力并付诸行动的过程。因为,为了做到这一点,你必须反反复复地告诫自己:你的大脑确实属于自己,你可以做出选择,而且只要你决定主宰自己,你就可以享受自己现在的时光。

不要幻想我们能在一夜之间就改变了旧有的思维方式与以往的习惯。如果你真的想要消除消极心理状态,想要实现自我、主宰自己,真的想要享受生活的快乐，你就必须消除在你身上存在的种种自我挫败的思想和习惯,并为之付出艰苦的努力。

当快乐的源泉消失时,你应当千方百计地寻找,而寻找的最好方法就是让自己行动起来,不要呆坐那里自怨自艾。你可以说一些使人兴奋的话题,或者做你最喜欢、最能够投入的事情,比如打球、听音乐,这样你的情绪也就在你行动的过程中轻松起来。这么简单的方法,能有效果吗?试试看就知道了。面带微笑,抬头挺胸,大声歌唱,尽量让自己拥有快乐的感觉。不会唱歌,你可以吹吹口哨,不会吹口哨的话,那就学着吹吧!你会发现这种方法的神奇效果。

一个消除了消极心理、善于控制自己情绪的人,是会乐观地对待生活中的一切的。他们无论做什么事情都很从容，从不浪费时间抱怨任何事情,也从不要求任何人或者事都是他们所希望的那样。他们热爱生活,尽情地享受生活所赋予的一切乐趣。他们珍惜生命,用热情使生命的历程多彩。从来听不到他们抱怨、呻吟、哀痛。雨天,他们欣赏雨的清凉和滋润;晴天,他们享受阳光的温暖与灿烂。他们能够接受、体会生活的一切赐予。当然,他们并不希望看到疾病、干旱、洪水、地震,他们对人们的苦难和不幸感到痛心,但他们不会浪费时间怨天尤人,他们会全身心投入到实际工作中,用自己的行动为使这个世界更加美好而付出努力。

他们真诚地对人对己,不掩饰自己的感情,不因任何事情撒谎。因为他们把撒谎当作对自己的歪曲。虽然人们有很强的自尊心,却能不歪曲事实。

他们自己主宰自己,他们从不把责任归咎给别人,也不花时间议论别人去说长道短,散布小道消息。他们懂得,埋怨别人、议论别人既浪费时间,也毫无意义。

他们不会被困难所吓倒。衡量他们心理健康与否不在于是否发生问题,而在于发生问题时所做出的反应。他们总是精神振奋,过着充实的生活。他们是快乐的追求者,是真正把握了自己命运的人。

只要你决心追求，这样的境界是完全可以达到的。为了实现主宰自己,你要时刻告诫自己:你的情绪都来自于你的思考,完全可以控制与选择的情绪,你的行为受你的思想支配,没有人能取代你,你是属于你自己的。

在挫折中选择开朗与快乐

有时候，当我们确实处于恶劣的客观环境中，无力无望改变现实，那如何使自己不沉溺于败局而保持开朗并拥有力量呢？

请看下面的例子：

弗洛伊德认为人的性格在幼年时期就已经定型，而且会影响人的一生，日后改变的可能性微乎其微。林克却否定了他的这种说法。

林克身为犹太裔心理学家，第二次世界大战期间被关进纳粹集中营，遭遇极其悲惨。他的父母、妻子和兄弟均死于纳粹的魔掌，唯一的亲人只剩下一个妹妹。他本人更是受到严刑拷打，受尽凌辱。

有一天，他赤身独处于囚室，忽然之间顿悟，产生了一种全新的感受——后来被命名为“人类终极的自由”。当时他只知道这种自由是纳粹德寇永远也无法剥夺的。从客观环境上来看，他完全受制于人，但自我意识却是独立的，超脱于肉体束缚之外。他可以自行决定外界的刺激对本身的影响程度。换句话说，在刺激与反应之间，他发现自己还有选择如何反应的自由与能力。

在脑海里设想各式各样的情况：譬如，获释后将如何站在讲台上，把如何对待痛苦折磨的宝贵经验，传授给自己的学生。凭着想象与记忆，他不断磨炼自己的意志，直到心灵的自由终于超越了纳粹的禁锢。他的这种超越也感染了其他的囚犯，甚至狱卒。他协助狱友在苦难中找到意义，寻回自尊。处在最恶劣的环境中，林克运用难得的自我意识天赋，发掘了人性中最可贵的一面，那就是人有“选择的自由”。这种自由来自人类特有的四种天赋。除了“自我意识”，我们有“良知”，能明辨是非和善恶，还有“想象力”，能超出现实之外，更有“独立意志”，能够不受外力影响，自行其是。

林克在狱中发现的人性准则，正是我们营造自治自立人生的首要准则——自由择志。自由择志的含义不仅在于采取行动，还在于人必须为自己的行为负责。个人行动取决于人本身，而不是外在环境。理智可以战胜情感，人有能力、也有责任创造有利的外部环境。

当我们对外部自由无能为力时，也不要放弃，要培养自我的心灵自由，将自我引向积极和美好的一面。始终在内心积聚力量，等待时机，最终为自己赢来好的外在环境。

生活总是这个样子，想美好的事情，你就会找到快乐，走向成功；想失意的事情，就会走向失望的深渊，无力面对生活，无力面对失败！

无须为将来而烦恼

在现实生活中，有一些人一发现自己有快乐、幸福的感觉之后就感到奇怪，想知道是不是什么地方出了毛病，并开始怀疑这种感觉能否持久。拥有幸福的人感到的是一种强烈的恐惧，以至于他们不能把握住幸福，他们几乎是在获得了幸福的那一刹那就失去了它。

很大程度上，我们心灵平静的程度取决于我们能否关心现在。无论昨天发生了什么，明天也许会发生或不发生什么，你身处的都是现在，永远如此！

许多人将生活过得如同是为了以后某一日的彩排，它不是。实际上，没人能够保证他或她明天仍在这里。现在是我们所拥有的唯一时间，也是我们能够加以控制住的唯一时间。当我们的注意力处于现在时，我们就会将恐惧从我们的头脑中排除出去。恐惧就是我们对于未来可能发生事件的忧虑——我们将没有足够的钱，我们的孩子将会陷入麻烦，我们将会衰老并死亡，如此等等。

为了战胜恐惧，最好的策略便是学会将你的注意力拉回到现在。马克·吐温说："在我的生活中，我经历了一些可怕的事，只有一些事真的发生了。"这表达得很明确：无须为将来而烦恼。将你的注意力保持在此地此时，你的努力将产生巨大的益处。

如果天上的星辰一生只出现一次，那么每个人一定都会出去仰望，而且看过的人一定都会大谈这次现象的壮观。传媒一定提前就大做宣传，而事后许久还在大赞其美。星辰果真只出现一次，我们一定会早做准备，绝不愿错过星辰之美。不幸的是它们每晚都闪亮，所以我们好几个月都不去抬头望一眼天空。

正如罗丹所说的："生活中不是缺少美，而是缺少发现。"不会欣赏每日的生活是我们最大的悲哀。其实我们不必费心地四处寻找，美本来是随处可见的。

可惜的是，生活中的此时此地总是被忽略，我们无意中预支了“此刻的生活”。想一想吧，早上还没起床时，你就开始担心起床后的寒冷而错失了被子里最后几分钟的温暖；吃早餐的时候，你又在想着开车上班的路上可能会堵车；上班的时候，就开始设计下班后怎么打发时间；参加派对又在烦恼着回家路上得花多少时间了。

我们总是生活在下一刻里。我们急着等周末来临、暑假来临、孩子长大、年老退休。等我们老时，我们真的可能会说：“我真是等不及要去死了！”

弗莱特认为，现代人之所以不能拥有此刻的、美好的生活，是因为我们总是担心时间不够，就像我们总是觉得钱不够一样。学习享受已经拥有的时间、金钱与爱，是我们最重要的一课。

保持快乐的心境

克莱门特·斯通在《获取成功的精神因素》一书中写道：“快乐也是一种心理习惯，一种个性化的生活态度，一种健康的气质。”

习惯是由于重复或练习而固定下来并变成一种需要的行为方式。一旦进行体育锻炼成为习惯，不活动就会觉得难受，因为它已变成生活的组成部分，固定在人的行为中了。要使快乐变成一种心理习惯，就必须能够时时处处寻找快乐，发现快乐。波兰作家显克微支笔下的“小音乐家”杨科，他的世界中，处处都有着美妙无比的音乐，然而在别人听来，那不过是平淡无奇的虫吟蛙鸣、风声鸟语、流水和车轮声。色盲的人感受不到色彩的美，鼻塞者嗅不到任何气味。在不顺心的时候，在看到悲哀的情景和遭遇无法避免的困难的时候，如果我们能以愉快的心情来对待它，那么，它不仅会变得微不足道，而且变得有益且具有鼓舞力。

养成快乐的习惯，带着微笑生活，那么，我们就会成为情绪的主人，而不受外界的支配。比如，在一次约会时，对方迟到了十来分钟。一般来说，难免要生气，喜欢自寻烦恼的人会制造出种种不愉快的猜测：故意晾晾我、摆架子、故作矜持、想甩掉我等等。但有了快乐习惯的人，却常常这样想：准是误了事，或者是单位有重要的事，于是能谅解对方，自己也避免了不愉快情绪的干扰。“干吗要把事情想得那么糟呢？”这是快乐的人常常说的话。

态度是指人的比较稳定的一套思想方法、目的和主张，一种对生活事件的反应。态度总是要打上性格烙印的。对生活持快乐态度的人，性格特征通常是开朗、豁达、豪放的，而生活中不能感受到快乐的人，通常是那些心胸狭窄、脾气古怪、性格孤僻、好挑衅或好顾影自怜的人。

要使快乐成为自己的生活态度，必须从改变自己的性格入手。萧伯纳曾经说过："如果我们感到可怜，很可能会一直可怜。"哲学家皮科幕塔也认为，"人受困扰，往往不是源自发生的事实，而是出于对事实的观念"。所以，当我们觉得不开心时，不妨分析一下自己性格上的弱点，是因为急躁易怒而不快呢？还是因为妒忌自大的心态呢？学会耐心、冷静地对待生活。如果是后者，那就更需要加强思想修养，学会宽厚待人，培养谦虚美德。美好的性格、高尚的品德，是快乐的支柱。

气质是指人的典型而稳定的心理活动特点的风格。美的气质能给人带来和谐与快乐。潇洒大方、温文尔雅、秀丽端庄、温柔文静、爽直雄健……都是健康的气质。具备这些气质的人，常常是快乐的人。而刁钻奸猾、卑琐萎靡、孤傲冷酷等，则是心理不健康的表现。这种气质的人也很少有安宁和快乐。要具备健康的气质，首先应该有丰富的内心世界，有高尚的理想追求。一个灵魂空虚、无所事事、生活没有目标的人，总是卑琐萎靡的，他对什么都无所谓，那么他也没有品尝快乐的机会。良好的道德品质是健康气质的另一个重要来源。心地善良者，常常能使生活充满爱与美。高雅的情趣也是健康气质的内容之一，谈吐不俗、兴趣广泛的人常常受到欢迎，而被人悦纳本身也就是一种快乐。

给予者才会得到快乐

艾伦·弗罗姆在《爱的能力》一书中写道："获得者得不到快乐，给予者会得到。你只需给其他人一点你自己的东西——有创见性的行动、有益的思想、一句赞赏、渡过难关的方法、理解和及时的建议等，你就能获得快乐。用你发自内心的东西去感染其他人。"

获得快乐的方法是努力做一些不会直接带给你快乐的事，然后快乐才会降临到你身上。如果你发挥自己的才能并使自己成为某一特殊领域的行家,你就会实现快乐和成功。

成功和快乐只属于这些人,他们不把寻找成功和快乐作为自己的目标,而是争取出色完成某一任务。如果你努力帮助别人获得快乐,自己也会获得快乐。

我们常听人说:“咳,要是我多得 1 万元我真的会快乐起来。”但正是这些人,在他们得到额外的 1 万元后仍然不满意。即使他们拥有 100 万美元,他们仍不会快乐,也不会获得成功。

对获得者来说,快乐是无止境的。而给予者却认为快乐来自工作、努力和对目标的追求。快乐和成功的核心是成果,而不是享乐。

如果你在自己的工作中看到进步,你就会感觉到其中的快乐。这一过程意味着成果,而成果意味着给予。正如坦普尔顿喜欢说的那样:“快乐在追求时会逃避,在给予时会回来。”

理解快乐的一种途径是研究快乐的人。想想你认识和看到那些流露出快乐的人,他们快乐来源于什么?你能从他们身上学到什么?

作为一位投资顾问,坦普尔顿把仔细观察顾客看作自己的职业。他试图弄清楚:谁高兴、谁不高兴?是什么使这些人快乐?

他逐渐认识到最富的顾客不一定是最快乐的顾客。他看出财富和快乐的关系——只有钱并不能使人快乐。在赌场你很少看到有人笑——即使是那些赢钱的人,哪怕他们赢得成堆赌注和筹码。

在生活中,我们要善于看到别人身上焕发出来的闪光的东西,因为每个人都有自己闪光的东西。有一种倾向是只看别人的缺点,这是不对的。显然,我们的个性都混杂有好坏两方面的因素。如果你养成只看坏处的习惯,那么你看到的一切都会一无是处。如果你培养自己注意好的方面,你就会找到美好的东西,这会让你充满快乐。

使别人高兴是通向成功的康庄大道。如果你使其他人快乐,你自己也会快乐起来。在坦普尔顿早年工作时,他已了解到要区别对待每位顾客。他勤奋工作以满足顾客的特殊愿望和需求,并解决每位顾客的税收问题。他询问许多问题,仔细聆听,他是快乐的。通过使其他人快乐,坦普尔顿也充实了自己。

艾伦·弗罗姆强调:“记住:努力使别人高兴,你就会获得快乐。”

别让财富把你引入歧途

《圣经》上说："小心啊，别让贿赂诱骗了你，别让财富把你引入歧途。""贪财是万恶之根，有人贪恋钱财，就被引诱脱离了正道，被许多的愁苦刺透了。"

下面的这个故事生动地诠释了"贪财是万恶之根"的道理。

有一天早上，那斯鲁丁往市场走去，心情很悲伤，一个朋友问他说："这是怎么一回事？"

那斯鲁丁说："不要问我！我非常伤心、非常沮丧，我可能会哭。"

但是那个朋友坚持要问："到底是怎么一回事？我们从来没有看过你那么悲伤。你曾经经历过很多困难，财务上的困难或其他困难，但是我们从来没有看过你这么悲伤、这么沮丧，到底是怎么一回事？到底发生了什么？"

那斯鲁丁说："两个星期以前，我的一个舅舅死了，他留给我 100 万。"那个朋友说："那斯鲁丁，你疯了吗？如果你舅舅留 100 万给你，你应该高兴才对，而不是悲伤。"

那斯鲁丁说："是的，的确应该如此，但是上个礼拜，我的另外一个舅舅也过世了，他留了 200 万给我。"

那个人说："你真的是完全疯了，你应该跳舞、欣喜和庆祝，因为没有理由不高兴！你是这个镇上最快乐的人！"

那斯鲁丁说："财富虽好，但是我已经没有舅舅了，这使我很悲伤。"

当你已经不再有"舅舅"了，那么突然间就没有希望了。一个失败的人仍然在希望，他还可以希望，因为还有"舅舅"，那个可能性仍然存在。当你越成功，你就会越焦虑。成功将会诱发的神经症，甚至是精神分裂。

幸福是无法用金钱买到的。即使你有钱，也无法买到尊敬、爱情和健康。

金钱能够买到舒适，促进个人自由，但一旦钻到钱眼里，金钱就会束缚个人的自由。令人沮丧的是，金钱的诱惑似乎常常与手头拥有的钱数成正比例：你拥有越多，你越想要。同时，每一英镑的增量价值，似乎与实际价值成反比例：你拥有越多，你需要越多。正如亚里士多德对那些富人们所描写的那样:“他们生活的整个想法,是他们应该不断增加他们的金钱,或者无论如何不损失它。”尽管亚里斯多德不可能宽恕那些财富获得者,然而他并没有完全否定他们。“一个美好生活必不可缺的是财富数目,财富数目是没有限制的。”他警告,“一旦你进入物质财富领域,很容易迷失你的方向。”

41 岁的房地产开发商德里克说:“虽然我拥有超过数万英镑的财产,我感到压力很大,我不能在每年 15 万英镑的基本收入的基础上使收支相抵。我想也许我正在失控,我总是苦于奔波,但我还是错过了好多约会。当我不得不做决定时,我感到好像有人把他的拳头塞进了我的肠子里并且不松手。午夜时,我会起床开始进行设计,我只是想让我平静下来。我无法睡觉,我无法停下来,然而我还是不能取得进步。”

很明显,在德里克看来,他所取得的一切都没什么意义,他真的相信,当他达到他的金融目标时,他将感觉像一位国王。金钱已成为他自尊的支柱,一种对人的价值的替代之物。他意识到金钱本身绝不可能让他幸福,并且一直到他重新界定他的价值观为止,德里克将继续在成功的边缘摇摆不定,将他的家庭和他的健康置于危险之中。

迷恋金钱有多种表现方式,德里克现象只是其中之一。金钱作为美好生活的手段的价值消失了,金钱本身成了一种目的。当它被置于爱情、信任、家庭、健康和个人幸福之前时,它总是倾向于腐烂。金钱的价值越是超出它的实际市场价值,这种腐烂就能越严重。像扫罗·贝勒在《洪堡的礼物》一书中所写的:“抓住金钱不放很难。这就像一块小冰块一样,你不可能刚刚成功获得它,然后就生活安逸……当你获得金钱时,你将经历一次质变。你不得不与内部的和外部的可怕力量竞争。这些力量也许让你产生不信任、妒忌、憎恨、及敌意。”

一心只想着钱的人,始终只是一个非常可怜的生物。

不要养成无限制地省钱存钱的坏习惯,这一点是每个聪明人都必须小心并在意的。而且,对年轻人来说,生活过分节俭很可能养成贪婪的性格。因为,在一个地方是美德的东西在另一个地方很可能变成邪恶。对金钱的崇拜(而不是金钱本身)是罪恶的渊源。对金钱的崇拜禁锢和压迫着人的灵魂,它关闭了通向慷慨大方地生活和行动的大门。

学会笑对生活

人生如变幻莫测的天空，瞬息阳光挥洒、白云悠扬、彩虹飞架，瞬息又乌云密布、电闪雷鸣、风狂雨暴。

人生如一支优美动听的乐曲，一段高昂激荡，震天动地，促人警醒，一段又浑厚低沉，凄婉回肠，催人泪下。

人生如四季，春天鸟语花香，生机勃勃；夏天水清叶绿，骄阳似火；秋天金黄灿烂，馨香浓郁；冬天银装素裹，深沉睿智。

人生有喜有悲，有聚有散，有乐有苦，有得有失，有沉有浮，有爱有恨，有生有死。

为人夫者有丈夫的甜蜜和苦衷，为人妻者有妻子的幸福和辛酸，做父母的有父母的欣慰和艰辛，做儿女的有儿女的骄傲和屈懑，从政者有官场上的得意和危机，经商者有商海的亨运和风险，农耕者有田园的安逸和艰难，治学者有纸墨的雅趣和清贫。

人生得意时，不可欣喜若狂，目空一切；人生失意时，切忌长吁短叹，自暴自弃。人生得意时，要珍惜生活，头脑清醒，不管别人阿谀奉承还是献媚恭维；人生失意时，要热爱生活，振作精神，不管别人指手画脚还是热讽冷嘲。

也许一个梦难圆，一个理想未能实现，那么，来一次开怀畅饮，对月长歌又何妨？

笑对人生——相信生活不会亏待每一位热爱她的人。

生命的航船难免遇到险滩恶浪，如何驾驶生命的小舟，让它迎风破浪，驶向成功的彼岸，这需要你的勇气。任它风吹浪打，我自闲庭信步，以百折不挠的意志去面对困难，以一种平常心去面对挫折，自信天生我材必有用，相信你会从山从水复疑无路，峰回路转至柳暗花明又一村的境地，迎接你的必将是山巅的无限风光。人生难免有起伏，没有经历过失败的人生不是完整的人生。没有河床的冲刷，便没有钻石的璀璨；没有地壳的底蕴，便没有金子的辉煌；没有挫折的考验，也便没有不屈的人格。正因为有挫折，才有勇士与懦夫之分，愿你能做不屈的斗士。记住："天降大任于斯人也，必先苦其心志，劳其筋骨，饿其体肤，空乏其身，行拂乱其所为，所以动心忍性，增益其所不能”。磨难和逆境塑造人！人的一生，需要奋斗，唯有奋斗，才有成功！幸运的花环，只属于那些做好了特殊准备的人。在奋斗中寻找乐趣，当你播洒的汗水结出丰硕的果实，你必然能体会到成功的欣喜，从而树立自信，更加坚定地奋斗不息。

勉励自己、关怀社会，有太多事情需要我们出手帮忙。很多人，对人不尊重、对事不负责、对自己不要求、对物不珍惜，遇到挫折情绪就翻腾——这是拿情绪惩罚自己。告诉自己，挫折只是外因，它无法占据你的心，无法把快乐拒于门外，只要满心快乐，挫折就进不来。

一张笑脸、一个真挚的眼神、一句知心的话，都会给处于困境中的人以莫大慰藉，以融化他们心中的坚冰，燃起生活的希望，增强生活的信心，让漂泊在黑暗中的心灵小舟找到停泊点。

敞开你的心扉，微笑面对生活，用一颗心去拥抱生活，让灿烂的笑容荡漾在青春脸庞，向世界呐喊：“活着真好，青春无悔，人生无悔！”

用笑声解除忧愁

法国作家拉伯雷说过这样的话：“生活是一面镜子，你对它笑，它就对你笑；你对它哭，它就对你哭。”如果我们整日愁眉苦脸地生活，生活肯定愁眉不展；如果我们爽朗乐观地看生活，生活肯定阳光灿烂。朋友，既然现实无法改变，当我们面对困惑、无奈时，不妨给自己一个笑脸，一笑解千愁。

笑声不仅可以解除忧愁，而且可以治疗各种病痛。微笑能加快肺部呼吸，增加肺活量，能促进血液循环，使血液获得更多的氧，从而更好地抵御各种病菌的入侵。

生理学家巴甫洛夫说过：“忧愁悲伤能损坏身体，从而为各种疾病打开方便之门，可是愉快能使你肉体和精神敏感活跃，能使你的体质增强。药物中最好的就是愉快和欢笑。”

笑声还可以治疗心理疾病。印度有位医生在国内开设了多家“欢笑诊所”，专门用各种各样的笑：“哈哈”、“开怀大笑”、“吃吃”抿嘴偷笑、抱着胳膊会心地微笑等等来治疗心情压抑等多种疾病。在美国的一些公园里都辟有欢笑乐园。每天有许多男女老少在那里站成一圈，一遍遍地哈哈大笑，进行“欢笑晨练”。

笑不仅具有医疗作用，而且生活中它还能产生人们意想不到的用途。有个王子，一天吃饭时，喉咙里卡了一根鱼刺，医生们束手无策。这时一位农民走过来，一个劲地扮鬼脸，逗得王子不停地笑，终于吐出了鱼刺。

雪莱说过：“笑实在是仁爱的表现，快乐的源泉，亲近别人的桥梁。有了笑，人类感情就沟通了。”

笑是快乐的象征，是快乐的源泉。笑能化解生活中的尴尬，能缓解工作中的紧张气氛，也能淡化忧郁。一对夫妻因为一点生活琐事吵了半天，最后丈夫低头喝闷酒，不再搭理妻子。吵过之后，妻子先想通了，便想和丈夫和好，但又感到没有台阶可下，于是她便灵机一动，炒了一盘菜端给丈夫说：“吃吧，吃饱了我们接着吵。”一句话把正在生闷气的丈夫给逗乐了，见丈夫真心地笑了，她自己也乐开了。就这样，一场矛盾在笑声中化解开来。

既然笑声有这么多的好处，我们还有什么理由不让生活充满笑声呢？不妨给自己一个笑脸，让自己拥有一份坦然；还生活一片笑声，让自己勇敢地面对艰难。这是怎样的一种调解，怎样的一种豁达，怎样的一种鼓励啊！

赫尔岑有句名言说：“不仅要学会在欢乐时微笑，也要学会在困难中微笑。”人生的道路上难免遇到这样那样的困难，时而让人举步维艰，时而让人悲观绝望。漫漫人生路，有时让人看不到一点希望，这时，不妨给自己一个笑脸，让来自于心底的那份执著，鼓舞自己插上理想的翅膀，飞向最终的成功。让微笑激励自己产生前行的信心和动力，战胜困难，闯过难关。

“清新”健康的笑，犹如夏天的一阵大雨，洗涤了人们心灵上的污垢，还原出善良与光明。笑是生活的开心果，是无价之宝，却不需花一分钱。所以，每个人都应该学会以微笑面对生活。

第四章

塑造形象 完善自我

人生而无完人，只能在人生的旅途上不断地完善自我。但完善不是一个目标，而是一个过程。在这个过程中，我们生命的价值不断体现，我们的生命才显得有意义。所以，我们要想活得有价值、有意义，就要在人生的旅途中，不断完善自我。

了解自己的长处

美国社会专家研究显示，人的智商、天赋都是均衡的，或许你在某一方面有优势，但不一定在别的方面能够赢过别人。有优势的同时必然会存在劣势。

其实，每个人都有自己的某种优势，都有适合自己的工作、事业。同时，人非完人，不可能在每个领域都很突出，甚至某些方面缺陷十分明显。不同的人，生理素质、心理特点、智能结构存在千差万别。有的多条理，善于分析；有的多灵气，富有幻想；有的擅巧计，能于谋略；有的形象好，善于表演。只要比较准确或大致对应地找到自己的目标或方向，你就或早或晚会有突出的表现。

有的人在未发现自己的才能和专长时，往往做事不得要领，学无成就，业无成果，总是感觉自己很卑微。这可能是因环境条件或形势逼迫所致，因而不能显示自己的才能，如同黑夜行路，坎坷不平。

所以要客观地认识你自己，知道自己的长处，找到自己的发展方向，走一条自己的路，这对于你未来的发展、你的成功，有着事半功倍的效果。相反，如果你在一个你不擅长的领域辛苦拼搏，成效可能不会很大，甚至无功而返。

达尔文在《自传》中说，正因为他对自己的深刻认识，才使他把握住自己的素质特点，扬长避短，做出了突破性的成就。他十分谦逊又自信地谈道：“热爱科学，对任何问题都不倦思索、锲而不舍，勤于观察和收集事实材料，还有那么点儿健全的思想。”但又认为自己的才能很平凡：“我的记忆范围很广，但是比较模糊。”“我在想象上并不出众，也谈不上机智。因此，我是蹩脚的评论家。”他还对自己不能自如地用语言表达思想深感不满：“我很难明晰而又简洁地表达自己的思想……我有一个不可救药的弱点，使我对自己的见解和假说的原始表述不是错误，就是不通畅。”

伟大的马克思有许多天赋，但他在写给燕妮许多诗后，发现自己并不具备杰出的诗才，并作了深刻的自我解剖：“模糊而不成形的感情，不自然，纯粹是从脑子里虚构出来的。现实和理想之间的完全对立，修辞上的斟酌代替了诗的意境。”

作家朱自清也曾分析过自己缺乏小说才能的短处，在散文集《背影》自序中，他说："我写过诗，写过小说，写过散文。25岁以前，喜欢写诗，近几年诗情枯竭，搁笔已久……我觉得小说非常的难写，不用说长篇，就是短篇，那种经济的、严密的结构，我一辈子也写不出来。我不知道怎样布置我的材料，使它们各得其所。至于戏剧，我更始终不敢染指。我所写的大抵还是散文多。"

有两件学林轶闻值得我们深思。一是著名的史学家方国瑜小时候除刻苦攻读学堂课程外，还利用节假日跟从和德谦先生专攻诗词。他钦佩李白、羡慕苏轼，希望自己有朝一日也能成为一名诗人。但一晃六七年，却始终未能写出一篇像样的诗词。1923年，他赴京求学，临行时和德谦先生诵"诗有别才非先学也，诗有别趣非先理也"之句以赠之，指出他生性质朴，缺乏"才"、"趣"，不能成为诗人，但如能勉力，"学理"可就，将能成为一个学人。方国瑜铭记导师之言，到京后，师从名家，几载治史，就小有成就，后来著成《广韵声汇》和《困学斋杂著五种》两本书。从此他立定志向，专攻史学研究。

著名史学家姜亮夫也有类似经历。20世纪20年代，他考入清华大学研究院。当时他极想成为"诗人"，把自己在成都高等师范读书时所写的多首诗词整理出来，去请教梁启超先生。不料梁先生毫不客气地指出他囿于"理性"而无才华，不适合文艺创作。姜亮夫回到寝室将"小集子"烧成灰烬。诗人之梦醒了，从此他埋头攻读中国历史、语言、楚辞学、民俗学等，取得一系列成果。可谓"失之东隅。收之桑榆"。

对自己的认识不是一次就可以完成的，认识过程不仅建立在反馈基础上的自我动态调节，也要借助别人对自己的中肯意见。

主宰自己的情绪

控制与选择自己的情绪意味着树立一个健康而乐观的世界观和生活观。这件事说来容易，但是人们往往受到来自外界错误思想的干扰。

生活中有许多消极的思维定式由来已久，而我们常常不自觉地受到它们的影响。例如有关聪明与智慧的问题。人们常说，聪明与智慧是以解决复杂问题的能力来衡量的。如果一个人能迅速地解出复杂的方程式，轻而易举地进行阅读和写作，人们便说他很聪明。这种给智慧和聪明的定义表现的是传统的教育观念和死啃书本的能力。某人在学校奖状得的多，在某个学科上有专长，或者是阅读速度快、记忆力强，就是聪明人——这种观念太狭隘了，它使许多人盲目地自信，也使一些人产生偏见。

实际上，真正的聪明与智慧是不论遇到何种情况，都能保持乐观的人生态度，保持健康的心理状态，任何时候都感受到生活赐予的幸福。把握自己的生活，创造幸福的人生，这才是真正的大智慧。

假如你是乐观的人，而且每时每刻都能为值得去做的事而生活着，那么你便是个聪明的人。能够顺利地解决问题，当然能为自己的生活增光添彩。但如果你无法解决某个特别的问题时，你仍然能够为自己的选择感到无怨无悔，那么你同样是个聪明人。因为你知道怎样尊重自己的选择。

真正的聪明人的精神是不会垮掉的，因为它们能够主宰自己，控制自己的情绪。他们懂得如何在失意时寻找快乐，懂得如何对待生活中出现的任何问题。在这里我们不是说"解决"问题，因为聪明人不以解决问题的能力来衡量自己是否聪明。

你可以根据不同环境所产生的感觉来辨别自己是否真的聪明。我们每个人在一生中所遇到的困难都大同小异，非常相似。人生中充满争执、冲突和无可奈何的妥协。同样，金钱、疾病、衰老、死亡、天灾和意外事故等等是每个人都需要面对的问题。不过，有的人坦然地对待这些事情，在它们面前不消沉、不忧郁，而有的人则精神崩溃，对生活失去了信心。正视已出现的问题，把问题当作人生内容的一部分。不以问题的多少作为衡量是否幸福的标准，这样的人才是最难得的，也是真正有智慧的。

你也许从小到大都认为，自己的情感是无法控制的。愤怒、恐惧、怨恨、爱慕、喜悦、欢乐等情感是自然而然产生的，个人对它无能为力，不能控制，只能接受。你还可能认为，每当发生悲伤的事情，你就会自然地感到悲伤，并希望出现一些愉快的事情使你的情绪好起来。你可能不知道，这就是妨碍你获得快乐的错误的思维方式。

想要主宰自己，就需要培养一种新的思维方式，首先你就应该抛弃错误的思维方式。

可能那些思维方式是你在成长过程中，社会、生活以及周围人渐渐灌输给你的，要想改变，需要勇气和毅力。因为我们社会中的许多因素都在妨碍个人支配自己。但你一定要确信，你每时每刻都能够做出情感上的选择。

我们都有学习某项技能的经验，如学习驾驶汽车、学习游泳等等，这些学习都需要我们一遍一遍地练习以慢慢熟练，最终可以自如地进行。形成思维方式也是这样，你现在所熟悉的各种习惯是通过一遍又一遍地重复逐步养成的，因而你会自然而然地不愉快、生气、伤心或苦恼，因为你从小便开始学习这种思维方式。你一直是在接受着自己的行为，而从未对它提出质疑。然而，既然你能够学会选择精神不愉快、生气、伤心或苦闷，那么你也同样可以学会不去选择上述这些自我挫败的情感。

要想主宰自己，仅凭好奇心去接触新思想是不够的。你还必须下决心保持精神愉快，对使你产生惰性的思想提出质疑并彻底予以摒弃。

主宰自己，不仅包含了尝试新的思维方式，还需要下决心去寻求快乐，以及向一切引起烦恼的思想和情绪挑战。

乐观是人的一种自然本性，因此快乐是容易得到的。但怎样才能避开烦恼的干扰呢？或者说怎样改变你以往已经习惯了的思维方式呢？这的确是个不容易解决的问题。

首先你要明确，你应该对自己的情绪负起责任。尽管你无法主宰外面的世界，无法改变周围的环境，但你完全可以主宰你自己，你可以改变你对事物的看法。只有把握了自己，你才能把快乐留在身边。

感情和情绪不仅仅是人的正常的心理本能，而且是人们对事物做出的反应。要是你能对这些反应有意识地进行控制和选择，那么你就可以控制自己的情绪。这时候，你就开始具备了人生的大智慧。

有些人宁愿发疯也不愿控制自己的情感，还有些人则干脆放弃努力、苟且偷安，因为在他们看来，祈求别人施舍的怜悯要比自己控制情感来得容易。

你可以选择精神愉快，摒弃精神上的痛苦。同样道理，在日常生活中，你也可以选择自我充实，摒弃自我挫败行为。如果你开车时遇到交通堵塞，在这种情况下，你会生气吗？你会咒骂其他司机、迁怒于他人吗？你如何对自己这种行为辩解？说你一碰到交通堵塞就感到焦躁不安，完全无法控制自己吗？如果是这样，那就说明你已经对自己在交通堵塞时产生了固定情绪。不过，假如你决定思考一下别的事情呢？假如你以积极的方式利用自己的大脑呢？虽然这并非轻而易举的事，但你可以学着改变思维方式，逐步适应各种新的行为，比如打开音响听听音乐、哼哼歌，或者看看刚买的报纸。如果你还是很生气的话，至少可以推迟30秒钟再发脾气。这样，其实你并没有学会喜欢交通堵塞，但你已经开始逐步进行新的思考。你已经决定摆脱不自在的感觉，选择用健康的新情感和新习惯逐步取代昔日的自我挫败的情绪。

正确地认识自己

人生最大的难题莫过于：认识你自己。许多人谈论某位企业家、某位世界冠军、某位电影明星时，总是赞不绝口，可是一联系到自己，便一声长叹："我不是成才的料！"他们认为自己没有出息，不会有出人头地的机会，理由是 "生来比别人笨"、"没有高级文凭"、"没有好的运气"、"缺乏可依赖的社会关系"、"没有资金"等等。而要获得成功，首先必须要正确认识自己，坚信"天生我才必有用"。

严重的自卑感扼杀一个人的聪明才智，还可以形成恶性循环：由于自卑感严重，不敢干或者干起事来缩手缩脚、没有魄力，这样就显得无所作为或作为不大。旁人会因此说你无能，旁人的议论又会加重你的自卑感。因此必须一开始就丢掉自卑感。

谦虚是一种美德，但是缺点往往是优点的过分延伸。过于谦虚，或者由于自卑而谦虚，都是不应该的。几乎每一个科学家都是非常自信的人。自信，可以使你精神振奋、勇于进取、战胜困难。所以，必须积极寻找自我解脱之路，走出自卑的心理误区。

《向你挑战》一书的作者廉·丹佛指出：正确认识自己，挖掘自己的潜力，这是获得成功的一个重要的心理素质。

成功者有着非凡的能力去认识他们自己与周围环境的关系，去认识每天影响着自己生活的人和事。他们懂得"获取"自己获得成功的钥匙。

现实的自我觉察能使我们自己了解自己是什么样的人，了解自己在生活现实中所扮演的角色、潜在能力，以及将来要去承担的角色和要达到的目标。他们从经验中，或凭借着洞察力、反馈信息、判断能力去不断学习和加深对自己的了解。他们在生活中不是单靠出力气做事，而是时常开动脑筋，避免发生错误。他们习惯以最诚实的方式鉴别一切，他们不欺骗别人，也不欺骗自己。

作为一个正常的人，对自己做人的形象，从自己的身体外观、品德和才能、优点和缺点、特长和不足、过去和现状，以至自己的价值和责任，都会有一定的认识。然而，自己对自己的这些认识是否符合自己的本来面目和实际情况，这样会因人而异了。有些人容易看到自己的优点和长处，而看不到自己的缺点和错误；有些人看到自己很多问题，却看不到自己的主要问题；也有些人看到自己的弱点和不足，却看不到自己的一点长处。可见人对自己的认识，也和自己对客观世界的认识一样，需要有一个了解和学习的过程，并不像照镜子那样简单。“当事者迷”也就成了一句发人深省的警句。另外，在日常生活中，我们也常处于各种不同评价和议论的包围之中，有人会赞许你、称颂你；有人会批评你、责备你；甚至还有人会轻视你。那么在各种议论中，究竟哪一个“你”是真实的呢？在投向你的形形色色目光中，你自己又能否准确无误地分辨善恶呢？你是否能从这些评价和议论中吸取有益的营养丰富自己、改善自己呢？

客观地、透明地、正确地认识自己是至关重要的。个性是需要发现并发展的，人本身具有非常丰富的个性基因，我们要尽可能地挖掘它、发展它、丰富它，使自己成为一个内涵丰富、魅力四射的人。

不要迷失自己

那些富于思想的哲学家们也有很多的困惑：我是谁，我从哪里来，又要到哪里去？从古希腊开始，人们就这样问自己，然而一直都没有得出令人满意的答案。

所以，人们从来没有放弃过对自我的追寻。但在追寻的过程中，人们常常迷失自我，很容易受到周围信息的暗示，并把他人的言行作为自己行动的参照。从众心理便是典型的证明。其实，人们在生活中无时无刻不受到他人的影响和暗示。比如，在公共汽车上，你会发现这样一种现象：一个人张大嘴打了个哈欠，他周围也会有几个人受之影响忍不住打起了哈欠。当然，也有人会不打哈欠，那是因为他们受到的暗示性不强。那么，哪些人受暗示性强呢？可以通过一个简单的测试来看看。

让一个人水平伸出双手，掌心朝上，闭上双眼。告诉他现在他的左手上系了一个氢气球，并且不断向上飘；他的右手上绑了一块大石头，并且向下坠。3 分钟以后，看他双手之间的差距，距离越大，则受暗示性越强。认识自己，心理学上叫"自我知觉"，是个人了解自己的过程。在这个过程中，人更容易受到来自外界信息的暗示，从而出现自我知觉的偏差。

曾经有心理学家用一段笼统的、几乎适用于任何人的话让大学生来判断是否适合自己。结果，绝大多数学生认为这段话将自己刻画得细致入微、准确至极。下面一段话是心理学家使用的材料，你觉得是否也适合你呢？

你很需要别人喜欢并尊重你。你有自我批判的倾向。你有许多可以成为你优势的能力没有发挥出来。同时你也有一些缺点，不过你一般可以克服它们。你与异性交往有些困难，尽管外表上显得很从容，但是你内心焦急不安。你有时会怀疑自己所做的决定或所做的事是否正确。你喜欢生活有些变化，厌恶被人限制。你以自己能独立思考而自豪，别人的建议如果没有充分的证据你不会接受。你认为在别人面前过于坦率地表露自己是不明智的。你有时外向、亲切、好交际，而有时则内向、谨慎、沉默。你的有些抱负往往很不现实。

这其实是一顶套在谁头上都合适的帽子。

一位名叫肖曼·巴纳姆的著名杂技师在评价自己的表演时说，他之所以很受欢迎，是因为节目中包含了每个人都喜欢的成分，所以他使得"每一分钟都有人上当受骗"。人们常常认为一种笼统的、一般性的人格描述十分准确地揭示了自己的特点，心理学上将这种倾向称为"巴纳姆效应"。

巴纳姆效应在生活中十分普遍。拿算命来说，很多人请教过算命先生后都认为算命先生说得"很准"。其实，那些求助算命的人本身就有易受暗示的特质。当人的情绪处于低落、失意的时候，会对生活失去控制感，于是，安全感也随之受到削弱。一个缺乏安全感的人，心理的依赖性也大大增强，受暗示性就比平时更强了。加上算命先生善于揣摩人的内心感受，稍微能够理解求助者的感受，求助者会立刻感到一种精神安慰。接下来算命先生再说一段一般的、无关痛痒的话，便会使求助者深信不疑。

你也有从众心理吗？你是否也在"巴纳姆效应"中迷失自己？

在日常生活中，人既不可能每时每刻去反省自己，也不可能总把自己放在局外人的地位来观察自己。正因为如此,个人便借助外界信息来认识自己。个人在认识自我时很容易受外界信息的暗示,从而常常不能正确地认清自己。

要接受现实中的自己

“我们都是因为爱而被创造的,这种创造是免费而无偿的”。这句话告诉我们:我们要爱自己。

帕特·柯林斯教授从自己女儿的经历中,深刻体会到了爱自己的重要性,他讲道:

“玛丽现在8岁了。我希望她会走路;我希望她能拿起笔在练习本上写字;我希望她的视力能好一些,这样她就可以看清书上的字,而不必让老师为她把字写在大纸上;我希望她不用把轮椅挪得离电视那么近,就能看动画片。就是为了玛丽自己,我也希望她能做所有的事情。可是她不能。大夫说,她的大脑损伤无法补救,永远不会恢复了。虽然她有这么多生理缺陷,我现在还是为我们有了她而感到幸福。

起初我真的绝望过。玛丽虽然早产2个半月,我却绝没想过她会有什么缺陷。我以为她完全正常。18个月以后,她被诊断为大脑麻痹。我的精神崩溃了。对这个快乐的宝贝,我寄托了多少希望、多少憧憬啊!我曾盼望她能像她的姐姐一样,出落成一个身材颀长、文静自信的姑娘。被仙女遗弃在冷漠之乡的,难道注定是我们的玛丽么?

我不相信那个诊断,于是带着玛丽四处求医。对别人,我渐渐又嫉恨又恼火。我开始生上帝的气。我对自己更是怒气冲天:我究竟做了什么对不起孩子的事情呢?

我对自己说:我应当爱她。可是我却为她痛心,为她在这个世界上注定将面临的排斥和悲苦痛心。在这个世界上,被视为有价值的人只有那些自立者、成功者、美人和富人;在这个世界上,没有魅力就是错误,患了癌症就是走上了绝路,失去工作等于道德上的失败;在这个世界上,受苦会被掩饰起来,死亡也会被藏匿得不为人所见。我怎么也无法接受现在的玛丽。我为她感到羞耻。我想要个健全的孩子。我不能原谅自己,也不能原谅上帝。我祈求上帝祛除这个残酷可怕的符咒,通过什么魔法或者奇迹使玛丽焕然一新，变成我所期望的那个美丽可爱的姑娘。

后来我通过观察，才明白我的这种看法错了。

在玛丽看来，她天生就是这样。她并不把时间花在去弄懂为什么她不能像别的孩子那样走路、做事上，而是乐天知命地生活着。我开始看到，她由于有个独一无二的自我而快乐。她充满了发自心底的精力、活力和热情。她圆圆的脸蛋儿红扑扑的，对一切都宽容厚道，仿佛认为一切都该如此。她所关心的不是自己不能做什么，而是自己还能做什么。众人的注视、同龄人的好奇、比她小的孩子问她‘你怎么啦？’、‘你为什么不会走路？’这一切她都不放在心上，因为她自己就对这个世界提出了许多问题，产生了种种好奇。

我明白了：以前我看到的都是事情的阴暗面，中了符咒的不是玛丽，而是我自己。我真傻，居然相信一切印有失败、无能、疾病和丑陋印记的事物，即使它们很富于人性，也都是不能接受的，因此也是不可爱的。其实，我比玛丽更无能。‘爱你所发现的东西吧。’这句话我听别人说过，却不知为什么不想记住它。我慢慢地懂得了：‘现实世界中每个人都在某个方面是无能的。我明白了，使我们不能理解人性的原因，就在于我们不接受已经赋予我们自己的东西，不接受已经赋予自己的丈夫、孩子、朋友以及任何人的东西。’

我们不愿太胖，不愿太瘦，不愿变老，不愿没有魅力；我们为使谈吐得体而焦虑，为自己的嗓音和口音焦虑，为自己鼻子太大或者秃顶焦虑；我们为没有一份诱人的工作而烦恼；为孩子的牙齿长歪或是在大学的成绩不好而担心；我们渴望自己聪明、迷人、优雅和轻松安逸；我们想让人家看到我们衣着讲究、居所体面。这都是为什么呢？因为我们太轻信传言，认为假如没有一个完美无瑕的身体，我们就毫无价值。

玛丽向我们揭示了心灵的真理：我们都是因为爱而被创造、为了爱而被创造的，这种创造是免费而无偿的。要接受赋予我们的东西，首先要接受现实的自己。我们必须学会接受别人身上的东西，也要学会接受自己身上的东西。

全面接受你自己是很重要的，因为这可使你更安心地对待自己，更具同情心地对待他人。”

向更高目标冲击

向更高的目标冲击，不要自己给自己设置障碍，受消极的影响只会给失败寻找借口。做人，要敢于突破自己！

斯蒂芬·柯维讲过一个厨具推销员的故事：他的年营业额从3.4万美元一下升到10.4万美元。使他的营业额加倍增长的原因就是他学到了如何训练跳蚤。你知道如何训练跳蚤吗？这并非是一个玩笑话，因为在你知道怎样去做之前，你无法变得更伟大。

在训练跳蚤时，把它们放在广口瓶中，用透明盖子盖上。跳蚤会跳起来，撞到盖子，而且是一再地撞到盖子上。不久，你就会看到一个有趣的事情：跳蚤会继续跳，但是不再跳到撞到盖子的高度。然后你拿掉盖子，虽然跳蚤还在继续跳，但不会跳出广口瓶以外。理由很简单，它们已经调节自己跳到那么高，一旦确定，便不再改变。

人也一样，不少人准备写一本书、爬一座山、打破一项纪录，或做出一项贡献。开始时，他的梦想与野心毫无限制，但是在生活的道路上，并非一切都是那么随心所欲，他会好几次碰壁。这时候，他的朋友与同事会消极地批评他，结果他就容易受到消极思想的影响，认为自己的目标"超越了自己的能力"。

"容易受消极的影响"只会给自己找到失败的借口而不是成功的方法。那位热心的厨具推销员却不是这样。他自己不但不容易受消极影响，还摆脱了"失败者的借口"，设定了一个伟大的目标。

他的长期目标就是：打破纪录，并成为世界上最好的厨具推销员。他每天都有目标：每个工作日都要卖出350美元的产品。这样便得到一个结果：一年内营业额增加了3倍。很巧的是，他又应用这些"达到目标"和"跳蚤训练原理"，一举而成为美国演说家和销售训练员之一。

你我也要努力成为一位"跳蚤训练员"。

柯维指出：一位"跳蚤训练员"正是能跳出广口瓶束缚的人。他是受内心驱使而不是受种种消极的外在影响的人。

在生命中各方面保持成功的唯一方法，就是要成为一个有资格的"跳蚤训练员"，敢于冲击"超越自我"的目标。

面对真实的自我

要获得成功，应该追求真实，莫将目光避开真实。所有的成功者，都是从看透欺骗和蒙蔽起步的。我们每个人都具备一种看穿现实的本领，只不过这种本领如果一直不用就会钝化，久而久之还会完全丧失。

我们应该永远追求真实，努力使自己正视事实，不能蒙骗自己。歪曲事实而到手的成功，即便可以算得上是成功，归根结底也不过是偶然的、短命的。真正的成功之路是回避不了真实与现实的。尽管那可能是一条荆棘丛生之路，你也只能在事实的土壤上摸索前进。因为通往成功的光明之顶，非此别无他途。

人的社会应该是由真实、诚实和正直三大支柱支撑的。那些已经获得成功的先驱者，无不具有这三大因素。

在日常生活中，针对每件事、每个行动，应该常问自己："这是事实吗？这是我认真的想法吗？"如果你能挺着胸膛说"是"，如果你能得到"不错，那想法是认真的"的评价，那么你的认识可以说多半是对的。任何目标都要靠积极行动才能达到。行动的结果完全取决于你。只有始终看清事实，成功的道路才会向前延续。

不管你处于什么样的环境中，要成为一个能正确认识自己的健全之人，真实都是超过一切的至关重要的条件。了解真实，承受真实，这就有了成功的希望。

一个善于识别真实的人，必定对自己与他人的差异很敏感，不仅明了自己，也能看透别人需要什么和追求什么。

成功是一种过程，不可一蹴而就，我们所余下的时间不是还相当多吗？但同时，也不要忘记，时间的钟摆一秒钟也不会停歇。
胜利的女神从不把微笑赐给那些拱手奉送时间的人。世上没有可供任意挥霍的时间。

为人师要注意方式方法

如果你学富五车，那么请把知识用到事业上去；

如果你人微言轻,那么请选择与人交流而不是教训人;

如果你不是老师,那么请收起你卖弄的冲动和自以为是的“好心肠”。

孔子曰:“三人行,必有我师焉。”这句话说得非常恰当,人毕竟各有所长,择其善者而从之,其不善者而改之。智慧和阅历各有不同,人品及道德有高低之分,成就及事业有高低之别。因此每个人都应在合适的范围内,寻找能弥补自己弱点及不足的老师,给自己的智慧以更大的启发。这样对自己的不断成长、对自己事业的早日成功,都是有很大价值的。而老师的经验及智慧又是我们尽可能赶超别人,尽快实现自我的捷径。其实,每个人从启蒙老师开始,都已拜了很多老师。从广义上说,只要能帮自己的忙、能使自己有进步者,都可称为老师。

但是,在人性的丛林里,强为人师、好为人师却并不是一件好事。这里的“好为人师”指的是一些人放不下架子,而喜欢当别人的老师,喜欢指指点点而无所顾忌,喜欢指责别人的过失及错误,不顾具体的实际情况而大谈自己当年的经验,一说起话来就是:“想当年,我怎么怎么……”拿自己的经验吓唬人,以一种师者的身份自居。其实,真正对他心服口服的人却很少,甚至没有。因为这种人实际上犯了一个极大的错误。

追求优越感是我们每个人都向往的事。不论是强者还是弱者,不论有没有资格能成为老师的人,都想让别人承认他,都想追求一种超过别人的优越感。而你一旦好为人师,这就使别人的优越感降低了一截,给他的自尊心泼了一瓢冷水,这样会造成对别人生存的威胁。从人性上来讲,他会本能地保护自己而坚决抵抗你,排斥你的出现。另外,我们每个人都有一种自尊,都有一个自我。当自我受到否定时,人体内会自动产生一种自我保护机制,将自我包得严严的,以防止你的入侵。

尤其在日常工作和生活中,也许你常常是出于友善、出于热心,而特意给别人更多的指点和帮忙,但得到的回报却是冷漠甚至讥讽。原因是人们总是认为你热心的原因是好为人师,是对他的智慧及能力的一种否定,他偏偏不会按你的指点去做,甚至还会认为你是在和他抢功劳。总之,他是不会领你好意的,这也会令你产生很大的失落感和不满。何苦呢?你不去这样做不就得了吗?

如果你在特定的情况下非为人师不可,我还是建议你应注意以下几个方面:

1.注意你和你建议对象间的关系。除非是建立在平等基础之上,而且关系颇为密切的知己朋友,其他一般的朋友或同事最好不要这样直接指责或建议对方。因为只有你俩关系密切,他才不会把你当成外人,才有可能认为你是为他好才这样做的,才有可能听从你的建议。否则,一般关系的人总会建立起他的自我保护机制而与你抗衡,使你的指责和建议成白费。

2.注意你的身份及社会地位。如果你在家中是长辈或享有德高望重的社会地位,那么你的建议或指责便会很有分量,其他的人也会考虑到若自己不听会招致什么样的严重后果,他会慎重考虑然后行事的。如果你不是某方面的权威也没有崇高的社会地位,这时候就不要发言,万一对方听不进去,他还会以秽语辱没你的身份、冷嘲热讽你的人格,甚至日后有些小人还会打击报复等等, 因此最好先考虑一下自己的身份和社会地位然后开口。例如,在等级森严的公司里,职员最好不要轻易找经理或老板的毛病,要绝对服从上司的计划,否则你的处境将是很危险的,万一你给上司留下一个“欺上”的坏印象,那将是很难改变的。

3.注意你的建议的内容。其内容可以是工作方面的,也可以是生活方面、处世方面的。但千万不要涉及对方的隐私。因为拥有个人隐私已被看成个人权利的高级形式,尽管中国人以前不是很注意这方面的问题,但近年来,随着个性解放的发展,隐私观念已经深入人心了。他们把隐私看成神圣不可侵犯的至高权利,一旦你触及了对方的隐私,我想肯定要吃官司的,所以尽量不要触及对方的个人隐私。

4.注意你的建议和指责的方式及当时的情景因素。这是要求你尽量要委婉含蓄,不要直来直去,因为直语更易伤人,用比喻的方法或委婉的规劝则给人以尊敬的感觉,要动之以情晓之以理,谆谆善诱,而不是出口疯语,生硬直白。注意当时的环境,不要在大庭广众之下提出建议或批评,要选择一个时机,最好是两个人坐下来,私下交流意见,这样会更好。

总而言之,为人师要切记“人微言轻”,没有一定的身份和地位者最好谨慎行之。

平衡自己的心理

安妮花了 5 年时间思考,今年终于决定换个工作。她领悟到,工作中的快乐不快乐,可能只是 5.1 比 4.9 的微差而已,中间有个阶梯,你可能爬到中间的梯子拥有恰好的平衡,也可能只走了一阶。即使如此,你也在进步,平衡尺上的浮标又往前游移一格。

安妮有个生命平衡法则,用来制衡工作与生活。她将生命切成健康、时间、自由与快乐四块,视个人状况分配比重以及排序。如果每个元素都不缺,反映到工作中的态度与情绪,就比较平和,因而获得适当的平衡。长期处在平衡中,就能积极正向思考。为此,许多专家呼吁,积极思考可以减轻工作压力,优化你的情绪。上班族多亲近正向思考的人,因其能减少倦怠感。

具体做法是,如果将事情弄得很糟时,只允许情绪低落一会,之后便很快换个想法,我们不要因此认为自己很差劲。

学会工作也要学会休息。

在职场上学会让自己喘口气,是一门学问。郑淑敏,一个中型电脑公司的总经理,她一年至少休一次长达两星期的假,半年内会有几次短短两天的假;不一定出国,有时只是到山里或海边走走。

如果感觉莫名的倦怠迫在眉睫,休假又遥遥无期,试着忙里偷闲吧。一位女作家透露她平时如何排解倦怠:我偶尔请个半天假,去街上晃晃、逛逛书店或找个清静的咖啡店坐坐。在忙碌中留点空间给自己,因为塞得太满容易窒息。

告诉自己:简单,就会快乐。

简单,就会快乐。最好的东西都是最简单的。例如微笑,是最好的生活态度;运动,是身体最好的调养。克服工作倦怠也可以很简单,将想法转个弯,然后行动。

当你因不愉快的事而情绪不佳时,你不妨试着转移自己的情绪和注意力。

1.积极参加社会交往活动,培养社交兴趣。

人是社会的一员,必须生活在社会群体之中,一个人要逐渐学会理解和关心别人,一旦主动爱别人的能力提高了,就会感到生活在充满爱的世界里。如果一个人有许多知心朋友,可以取得更多的社会支持;更重要的是可以感受到充足的社会安全感、信任感和激励感,从而增强生活、学习和工作的信心和力量,最大限度地减少心理危机感。

一个离群索居、孤芳自赏、生活在社会群体之外的人,是不可能获得心理健康的。随着核心家庭的增多,来自家庭的社会支持减少,因此走出家庭,扩大社会交往显得更有实际意义。

多获取身边资源。经理可以多找部属聊聊天，同事之间也可互相讨论,探讨出一个可执行的方案,执行时大家都会有参与感。执行方案因为已纳入所有工作者的智慧,个人才会有价值感,减少失落感。

2.多找朋友倾诉,以疏泄郁闷情绪。

生活和工作中难免会遇到不愉快和烦闷的事情，如果有好友听你诉说苦闷,那么压抑的心情就可能得到缓解或减轻,失去平衡的心理就可以恢复正常,并且得到来自朋友的情感支持和理解,获得战胜困难的信心。还可向自然环境转移,郊游、爬山、游泳,或在无人处高声叫喊、痛骂等。也可积极参加各种活动,尤其是将自己的情感以艺术的手段表达出来。

3.重视家庭生活,营造一个温馨和谐的家。

家庭可以说是整个生活的基础，温暖和谐的家是家庭成员快乐的源泉,事业成功的保证。在这样环境下成长的孩子,有利于其人格的发展。如果夫妻不和、经常吵架,将会破坏家庭气氛,影响夫妻的感情及其心理健康,而且也会极大地影响孩子的心灵。可以说不和谐的家庭经常制造心灵的不安与污染,对孩子的教育很不利。

理想的健康家庭模式,应该是所有成员都能轻松地表达意见,相互讨论和协商,共同处理问题,相互予以情感上的支持,团结一致应付困难。每个人都应重视维持一个健全的家庭。

接纳不同的声音

在我们的生活当中,可能你也会遇到一些意见、看法跟大家南辕北辙的人。本来很一致的看法里,他总是有出人意料的意见。然而,除非是明显违背了真理,否则我们应学会用宽容的心,学习和接纳这些不同的声音。

一群站在树枝上的麻雀对另一只说:“我们全都是迎风站立，只有你跟我们站得相反。”

“我就是喜欢这样,碍着你们吗?”那只麻雀不服地说。

“你破坏了团体,是一个不合群的人。”

所有的麻雀一致地谴责它,但是这只麻雀仍一意孤行。

他们依然迎风站立，只有这只麻雀继续站在相反的方向。

这时一只大花猫潜行到树丛后面，由于大家都是向着迎风面，没有察觉到花猫的出现。

当花猫正准备一跃而出时，那只站立方向和别人不一样的麻雀及时看见，大叫道："猫来了！快逃！"

其他的麻雀立刻闻声飞走，这只特立独行的麻雀救了大家一命。

罗兰德说："弱者惧怕他人的意见，愚者抗拒他人的意见，智者研判他人的意见，巧者诱导他人的意见。"

容纳别人的观点并不是一件很容易做到的事情，它要求我们首先要开放自己的心灵。

有甲乙两人刚刚从办公大楼里出来，在路上不期而遇了。

甲问："你对会上公布的那个推广方案怎么看？"

乙答："整个企划部中，有人赞成，也有人反对。"

甲追问："那你的看法是什么呢？"

乙答："我对两种观点都作了一番比较。我觉得应该可行。"

这种看似什么也没说的方法，实际上就是心灵开放的一种基本表现，也是一种重要的思维策略，即容纳相互对立的观点。

著名物理学家玻尔认为，如果你把两种对立的思想结合在一起，你的思想就会暂时处在一个不定的状态。这种思想的"悬念"使思考的智力活跃起来并创造出一种新的思维方式，对立的思想的纠结缠绕为新的观点创造了条件，这样，你的思想也就发展到了一个新的水平。同玻尔本人有很大关系的微观粒子的波粒二象说，就是这种思维策略取得成功的一个典型事例。

我们能否更好地与人相处并从这种相处中获得更多的好处，同样也必须具有这种开放性，了解人们不同的观点是克服主观、武断之妙法。

如果你觉得那些不同的观点缺乏理智、蛮横无理、令人厌恶的话，你就得提醒自己：在他们的眼中，你或许也是如此。在这一点上讲，或许两方面都是对的，但不可能两方面都是错的。这种考虑问题的方法，应引起足够的重视。

如果你的想象力很丰富，那你不妨假设一下自己与持不同观点的人进行辩论。这种方法不受时间和空间的任何限制。例如，印度独立运动的领袖甘地痛恨铁路、汽船及机械，如有可能，他大有要毁灭整个工业革命全部成果之势。也许，你根本不可能有机会真正同这种人辩论，但你可以设想一下，假如与甘地争论的话，他会如何驳斥你的观点呢？在这种假想的辩论中，你很可能会发现，对手的观点也有正确之处，而你则应当改变原来的武断看法，即使你的看法也有闪光之处。

孔子云："君子和而不同，小人同而不和。"意思是君子求人与人之间和谐相处，但不求完全相同；而小人却求别人要与之完全相同一致，搞党同伐异，因此而不能和谐相处。

只有自己才能解放自己

美国有一位企业家，他身家亿万，然而却在过节的时候一脸苦笑："现在有了钱，我又不知道该享受些什么了！"

今天没有人再像古人那样追求"一箪食、一瓢饮"的清贫生活了，但天天鲍参翅肚，似乎又有暴殄天物之嫌。追求豪宅、名车、时装就和去吃鲍翅一样，属于一种不入流的情趣。赌博可以博一乐，但十赌就会有九输，再说赌博于法于理于修养都不容。去追求美色？更不可取。

"你最钟爱的是什么？充满了你的心灵，让你感到无比幸福的又是什么？"你若认真反思自己的内心需求，一定可以找出答案。

因为"自我"并非隐藏在你的内心深处，而是在你无法想象的高处，至少是在比你平日所认识的"自我"更高的层次里。真正认清你自己的内心渴望，唯有发自你的天性。唯有自己，才有资格成为自己的安慰者与解放者。

清人钱泳曾有云："贫贱近雅，富贵近俗，雅中带俗，可以资生，俗中带雅，可以处世。"

在夜深人静的晚上，对着一幅自己的艺术作品不停地看，然后闭目，记住它并遐想。在洗心养神之际，你也许想起了一段童年的往事，也许想起了自己曾经历的最血光的商战，也许……这也算是一种雅俗之间的"资生"、"处世"之道吧。蒙田说过："世界上最重要的事莫过于懂得让自己属于自己"，"必须阖门闭户重新拥有自己"。

高度发达的现代社会使人们为奢华付出的最沉重代价，莫过于不能拥有自己。在高速度、快节奏、强耦合、多关联的现代社会中，人们失去了往日的悠闲，精神高度紧张。万千信息奔来眼底，瞬息万变的事物需要及时处理。在眼快、手快、脚快、嘴快、反应快，五官四肢躯体综合大繁忙中，唯一闲置起来的却是一个思考的大脑。大脑需要在宁静中工作。快节奏生活可能训练出快速机敏、反应准确的大脑，却无法训练出哲人式的恬静深思的大脑。

那种总揽全局的综合审视，大尺度联系的开阔视角，复杂脉络的仔细梳理，缠绕层面的小心剥离，以及思路不通、灵感未至时的耐心等待，找到突破点后的深入掘进，融会贯通后的乘势扩展……这一切都必须有一个从容自由的头脑，一个宽舒自主支配的生存空间，以及一个宁静无噪的平和心境。

而在嘈杂忙乱中生活的现代人大多是“失静”之人，被动纳入快速的“流”。人生，宛若不系之舟，在激流冲击下，最难自持。崇尚简单生活的梭罗是持有自家生命宝券的真正富有者，能够最自由地支配自己的生命。他认为：“一个人，放下的事情越多，他越是富有。”他还说：“我最大的本领是需要极少”，“我爱给我的生命留有更多的余地”。生命在他手中支配得游刃有余。与此相反，一些拥有大量金钱的富翁，却被黄金“焊”在某个高位上动弹不得。梭罗不无怜悯地说：“我心目中还有一种人，这种人看来阔绰，实际上却是所有阶层中贫穷得最可怕的。他们固然已积蓄了一些闲钱，却不懂得如何利用，也不懂得如何摆脱它，而是用金钱给自己铸造了一副金银的镣铐。”位高自囚，富极如贫，事物常常是这样两极相通。街头警车呼啸而过，不是外国元首就是本国犯人；总统和穷光蛋口袋里都是一文没有；女王和拾荒妇都不需要名片。生活中的辩证法值得每个人深深体味。

一个人属于自己的重要标志是能够拥有独立思考的头脑，所以有些哲思未泯的人总想挣脱“失静”状态，寻觅净地，力图重新拥有自我。

历代许多著名的中外学者、思想家、文学家，他们也许生活得并不拮据，有的甚至相当富有，但他们几乎无一例外地都过着简单的生活。梭罗更是这方面的典范，在瓦尔登湖畔，他凭借着简单而丰富多彩的生活为自己赢得了充裕的自由支配的时间。他说：“我对某些事情有所偏爱，并特别重视我的自由，又因为我能吃苦，所以能获得成功，我并不希望花掉我的时间来购买华丽的装饰，或讲究的家具，或美味的食品，或希腊式的或哥特式的房屋。”由于挣脱了生活中的繁琐杂冗，梭罗才能够静静地阅读与思考，他说：“我的木屋，比起一所大学，不仅更宜于思想，而且更宜于严肃的阅读。”瓦尔登湖真不愧是治学圣境。

正如蒙田所言：“我们要保留一个完全属于我们自己的自由空间，给予我们真正的自由、隐逸与清静。”正是在瓦尔登湖隐逸的自由空间里，梭罗为我们留下了如此睿智优美、充满人生哲理的圣洁文字。

把嘲笑当善举

受人嘲笑，是因为自身确有可笑之处；把嘲笑当善举，是因为嘲笑中往往有合理之处；豁达地接受嘲笑，不失为做人的高明法则。

美国伊利诺伊斯州的康农，在他初任众议院的议员当众讲演时，言词犀利的新泽西代表斐普士说：“这位从伊利诺伊斯来的先生，口袋里恐怕还装着雀麦吧？”

他的意思是讽刺他还未脱掉农村气息，全会场哄堂大笑，这该是多么困窘、多么难堪的事。

但是康农虽貌相粗野，心地却很澄明，他坦白承认斐普士先生所说的虽然是嘲弄，但也是事实。他从容不迫地答道：“我不仅在口袋中装有雀麦，而且头发里还藏着草籽，我是西部人，难免有些乡村气，可是我们的雀麦和草籽，却能长出最好的苗来。”

康农因为这虽似自贬身份的反驳，却闻名全国，大家反而恭敬地称呼他“伊里诺斯最好的草籽议员”。

康农知道：对付嘲笑这一类事，不能躲闪，也不能害怕，你愈躲闪、愈害怕，它便愈攻击你，使你日夜不宁；你若迎头痛击，反而能为你所克服。就好像遇到野狗一样，狗若见你怕它，它便肆意咆哮；你若转身对付它，它反而停止了狂吠，向你摇尾乞怜。

一个人受了嘲笑，不要窘态毕露，无地自容，不妨把它当作别人帮你认识缺点、改正缺点的善举。就像康农一样，立刻承认，而承认这些无关大体的小弱点，正突显了你诚实的性格。

头脑清晰的人，绝不以完人自居，他自知有许多缺点，需待改进，而别人的批评，正可把这些不自知的缺点揭露出来。我们的脸皮，也不可太薄。一受批评，便神经过敏，而不能强自镇定，这是缺点；但如果脸皮太厚，漠然无动于衷，不接受别人的批评，不改进自己的缺点，这也是不对的。

一般人总以为批评自己的是仇敌；阿谀自己的是好友。心性懦弱的人，会被嘲笑的力量压弯了原来挺拔的脊梁；而心性刚强的人，则会把别人的嘲笑视作一种完善自我的力量。

认识信恒是在大学时的那次校友联谊会上。我简直不敢相信自己的眼睛，难道眼前的这个人就是海琳（我的一个同学）经常提起的信恒吗？只见一身很不合适的深蓝色运动服搭在他骨瘦如柴的躯体上，一副高度近视镜架在那道稍显高挺的鼻梁上。走路的时候必须侧身，而且两只手像是脱臼似的无精打采地垂着。即使走路的时候，全身也始终在不停地颤抖。说话对他来说算是一件十分辛苦的工作，三句两句就应付了，一说上十几二十几分钟之后，便开始上气不接下气，再往后就会满头满脸的汗珠。他是一个受着二十几年病痛折磨的小儿麻痹症患者，而有谁会想到就是这个人，凭借自己的坚强毅力考上了大学，并在文学这块园地培育出了自己丰硕的果实。

以前总是在报纸杂志或小说当中研读这些身残志坚者的人生经历，从没有这种面对面地交流过，而当我真正地直面这些人时，那种强烈的震撼使我的心久久难以平静。后来，我们之间渐渐地熟悉起来，有一次我忍不住问他："你这样折腾自己，不累吗？"

"当然累，可我还要活着啊！"

"活着？"

"是啊，不仅是吃穿喝，还得有精神、思想！"

"你的直接动力是什么？"

"是生命，是理想，也是尊严！"

"尊严？"

"是的，一个残疾者的尊严！一个不要人嘲笑的残疾者的尊严！"

"你怎么看待那些异样的眼神和极具杀伤力的嘲笑？"

"这个我经历得太多了！但我总是把它们当作一种完善自我的动力，所以接受这些东西越多，我的动力就越足！"

"原来如此！"

“你是怎样面对别人泼给你的嘲笑之水呢？”

“当作对生命的洗礼喽！”

这也许这是我们每个人都应该拥有的人生态度！不论你的身体健康与否，至少精神应该这样健康。

在逆境中得到升华

也许你出身贫寒，但请不必自卑。俗语云“千金难买老来瘦”，其实，“万金难买少时贫”。幸福的花朵往往开在贫贱的泥土里。

不要以为只有有钱的人才能获得开心浪漫，如果采取适当的方式，即使我们身无分文，同样也可以得到。

一天中午，太阳火辣辣的，空气也饱含着雨前的沉闷。我独自从天桥下走过，看见一个男孩儿在吃力地背着个姑娘上天桥。男孩儿的额头上渗出细密的汗珠。像这样“周瑜打黄盖，一个愿打，一个愿挨”的事，说句心里话，平时我见多了，所以开始时并没有太在意。但是当我从他们身边路过的那一瞬，我突然感受到男孩子的双腿抖得厉害，不像平时遇到的那种玩阔的主儿。于是我上前去帮忙搀扶，并问男孩儿说：“她生病了吧？是去医院吗？怎么不打车？”男孩只是低头不语。

到了天桥上，姑娘忽然大笑起来，男孩儿一边擦脸一边忙向我道歉：“对不起，谢谢您，我们是在游戏。”

“什么？”我尴尬中有些恼怒。

姑娘好久才止住笑，解释道：“今天是我们结婚3周年纪念日，我们特意来逛街，本想买点什么庆祝一下，不过都太贵了，舍不得钱。于是想起以前上学时读过的一篇文章，文章里的主人公就是用这种方式来纪念他们的结婚周年的。于是我们便照着做了。

我们没有钱，我不让他买什么礼物做纪念，可是他有力气呀，所以我才让他背我上天桥，一趟算一年，才背了一个来回，他就累成这样了，若是将来我们结婚30周年、40周年，我还让他背我那么多个来回，他还背……”

姑娘一边心疼地为男孩儿拭着额角的汗珠，一边又笑了起来。

我们一直以为，浪漫只是那些有钱人的专利。他们可以用鲜花、烛光、音乐来营造出如梦如幻的多彩境界，没有想到还有这样一种别致的浪漫。

可以说，他们的这种浪漫完全是由贫困培养出的。然而，贫困还可以植育一种幸福，就是成功者的幸福。

拿破仑是科西嘉人，他的父亲虽很高傲，但是手头非常拮据。幼时，他父亲令他进入贝列思贵族学校学习。学校的同学大都恃富而骄，思想卑劣，喜欢讥讽家境清寒的同学，所以拿破仑常受同学们的侮辱。起初他逆来顺受，竭力抑制自己的愤怒，但同学们的恶作剧，愈演愈甚，他终于忍无可忍，于是写信请他父亲准许他转学，希望脱离这可怕的环境，可是他父亲来信坚决地回复他说："诚然，我家没有钱，但你仍须留在校中读书。"他不得已，动心忍性，饱尝了 5 年的痛苦。每次遇到同学们的侮辱性的嘲弄，他不但不消沉，还当作磨砺他意志的机会，准备将来战胜这些纨绔子弟。

当他 16 岁任少尉职的那年，他的父亲不幸去世，在他微薄的薪俸中，尚需节省一部分来赡养他的母亲。那时，他又接受差遣，要长途跋涉到凡朗斯去加入部队。到了队上，眼见伙伴们大都把余闲的光阴虚掷在狂嫖滥赌上，好在他尚不具有翩翩的风度，无从追求女人，囊中羞涩，更不能使他有一掷千金的豪兴。于是他把他闲余的光阴，全放在钻研学问上。这时他在图书馆中，借到他要看的书，好像清风明月，予取予求。他早有了梦想的目标，在艰苦卓绝中埋头研习。虽然孤寂烦闷，意志却没有动摇。数年的功夫，他记的笔记，竟装了四大箱子。

这时，他已设想自己是一个总司令，他绘制了科西嘉岛的地图，并将设防计划画在图上，根据数学的方法，精确计算。从此以后，他崭露头角，为长官所赏识，派他担任重要的工作，至此否极泰来，青云直上。其他人对他的态度，大为改观，今昔异趣。从前嘲笑他的人，反而接受他指挥，奉承他唯恐不周。

拿破仑的成功，固然靠他的天才和学养，但最重要的，还是他的战胜侮弄者的意志。他的意志，也是在艰苦环境中磨砺出来的。假若他不受同学们难堪的侮辱，或他父亲允许他退学，不受冷酷无情的折磨，他也绝不会成为世界上那个人人皆知的拿破仑皇帝。

困苦的环境，固然可以磨砺你的志气，但也可以消沉你的志气。你如不战胜环境，环境便会战胜你。因为受了冷酷无情的打击，便妄自菲薄，以为前途绝无希望，听任命运的摆布，那么你将无声无息，老死窗下。而拿破仑不是这样，他认为世界上没有不可改造的环境，尽力战胜天赋的缺憾，不轻言退却，更不放纵自己。

如果你是一个清贫者，那么，不论是想追求前者的浪漫还是后者的成功，你都需要调整好自己现在的心态。某地有位珠宝商，他的店铺橱窗中陈列着许多昂贵的珠宝玉石。有个穷人站在橱窗前欣赏，过了一会儿，穷人走进珠宝店感谢道："谢谢你让我看了这么多钻石与珠宝。"店主人惊讶地说："你为什么感谢呢？我一颗钻石也没有送给你。"

穷人回答："我光看就足够了。再有钱的人也只能看看钻石，不是吗？既然这样，我不是和拥有钻石的富翁一样吗？不过，不同的是富翁必须担心钻石可能被偷走，而我却只需享受欣赏的乐趣，不必忧心忡忡。"

如果你此时正挣扎在贫困的烦恼中，真该学学这个穷人。

学会接纳自己

每个人都是独立的，一个人接纳另一个人很难，但一个人接纳自己更难。我们时常对自己不满，为自己的缺点懊恼与烦闷，千方百计想掩饰。自己面对自己时，我们常常会陷入惧怕与悔恨中不能自拔。

但是，自己又不像别的物件，不喜欢了就可以随时扔掉；也不和别人一样，合得来便相处，合不来便分手，用不着去委曲求全。我们自己不可能把自己扔掉，除非自己结束自己的生命。自己随时都在纠缠着自己，无论你情愿也好，不情愿也罢。满意时，它和你在一起，不满意时它同样不会离开你。生命的无奈也在于此。

有的人很早就接受了自己，有的人至死都无法接受自己。

谁都想成为一个完美的人，想生活在完美的世界中。我们总期望着自己更漂亮些、更动人些，因为美丽不仅带给我们感官的愉悦，还会让我们更自信。

尽管我们知道，相貌、性格和生命一样，都是我们所不能自由选择的，然而，对于自己的不满意，却时刻折磨着我们。丑陋使我们不敢大声讲话，不敢仰起头走路，不敢面对他人的注视，在美丽的人面前，我们更感到自卑。总希望有一天，魔镜会突然出现，告诉你自己是天下第一美人。

性情也是我们在不知不觉中形成的。虽然我们并不对自己的容貌与性情负完全的责任，但我们却不得不每日面对它。苏格拉底能够认识自己，接受自己，才宣称自己无知。我们虽不能像苏格拉底那样，自知自己无知，但接受自己的无知，却是可以做到的。

接受自己，有多种方式。

比较世俗的一种是若隐若现。对自己的优点，我们不去自己挑明，而千方百计诱导别人说出，虽然只是说的人不同，可这其中的奥妙就很深了。自己说的，那叫“自我吹嘘”，叫“逞能”；别人说的，是“客观”，是“实事求是”。聪明的人最善用这一招，末了还会让对方说一句：“你真谦虚。”

对于自己的缺点，我们难以接受，更不愿意被别人指出，尤其是当众指出。领导每次作完报告都要说“欢迎批评指正”之类的话，你可千万不要当真。这意见不能“指”，更不能“正”，只能当作没有，最好本来就没有。不然，你肯定会免费获得许多“小鞋”穿。

比较聪明的一种是：人贵有自知之明。只有自己觉察出问题，神不知鬼不觉地改掉，这才是上上之策。

明智的做法就是，三缄其口。不要那样不厌其烦地告诉别人“我还有点自知之明”，那其实是在自欺欺人，一味地想要改变自己，求全求多。内向的人，希望自己能开朗些；外向的人，希望自己深沉些；直率的人，希望自己圆滑世故些；圆滑世故的人，希望自己简单快乐些，这都是没有意义的。

做人要接纳自己，不要掩饰自己，嘴上一套心里一套，浑浑噩噩，得过且过；也不要我行我素，刚愎自用。接纳自己，实质就是理解自己，接受自己的优点，我们便多一分自信；接受自己的缺点，我们便多一点理智。表现得坦坦荡荡、光明磊落。

接纳自己需要勇气，也需要毅力。接纳自己，是一个漫长而艰苦的过程，也是一个人长大、成熟的过程。这当然是一个痛苦的经历，因为我们会逐渐发现，自己不是那样完美，也不可能变成理想的自己。接纳自己的优点也接纳自己的缺点，直面自己的优点需要勇气，直面自己的缺点更需要坦诚，需要包容。

认识自己的优点和缺点，明白自己想做的不一定就能做，明白自己做的不一定全能做好，我们便会自信、自制、自强，生活便多一些快乐，少一些烦恼。相反，斤斤计较自己的缺点，不原谅自己的失误，则会使我们沮丧和自卑。

现实粉碎着我们的理想，也粉碎着我们对自己的梦。接受真实的自己，客观地对待自己，我们就能善待自己，善待他人。

第五章

坚持不懈 心态决定命运

命运并不是一成不变的，而是可以能过自身努力来调控的。心态就是调控命运的遥控器。心态的不同导致人生的不同，而这些不同有天壤之别。养成良好的心态，能改变自己的人生。心态决定成败，心态决定命运。

幸运永远属于生活的强者

《从失败到成功的销售经验》的作者弗兰克·贝特格指出：在通往目标的历程中遭遇挫折并不可怕，可怕的是因挫折而产生的对自己能力的怀疑。其实，挫折并不能证明什么，因为我们是人而不是神，我们不可能十全十美。相反，我们能力的大小，只有在经受了各种各样的考验之后方能证实。挫折就是这样一种必须经受的考验，它可以提醒我们去寻找和发现我们自身的不足，然后对不足进行弥补和改善。挫折使我们有了这样一种机会：让我们清醒地认识到事情是如何朝着失败的方向转变的，以便我们在将来能够避免因重蹈覆辙而付出更加高昂的代价。

最重要的是，挫折还使我们看清了自己在通往目标的道路上的一个必须去征服的敌人，这个敌人不是别人，通常就是我们自己。人类最杰出的成就经常是在战胜自我的同时被创造出来的，人类最崇高的目标也经常是在战胜自我的同时达到的。

艰难困苦对于生活的强者来说，犹如通向成功之路的层层阶梯；而对生活的弱者来说，却是万丈深渊。生活告诉我们这样的哲理："在人类的历史上，成就伟大事业的往往不是那些幸福之神的宠儿，而是那些遭遇诸多不幸却能奋发图强的苦孩子。"

古往今来有许多这样的例子。德国大作曲家贝多芬由于贫困没能上大学，17 岁时得了伤寒和天花；这之后，肺病、关节炎、黄热病、结膜炎又接踵而至；26 岁时不幸失去了听觉，在爱情上他也屡屡不顺。在这种境遇下，贝多芬发誓"要扼住命运的咽喉"。在与命运的顽强搏斗中，他的意志占了优势，在乐曲创作事业中，他的生命重新沸腾了。英国诗人勃朗宁夫人 15 岁就瘫痪在病床上，后来靠着精神的力量同病魔顽强搏斗，39 岁时终于从病床上站了起来。她写的《勃朗宁夫人十四行诗》一书驰名世界。

一个人可能会因为家庭、身体等种种原因而感到失意，但只要他内心深处坚信自己能够有所作为，干一番事业，这样，他就会产生战胜困难、向命运挑战的巨大勇气，而他的社会价值，也终会在所从事的事业中实现。18 世纪德国诗人歌德，用 26 年的时间完成了一部不朽名著《浮士德》。作品完成后，他的秘书请他用一两句话概括作品的主旨，他引用浮士德的话说:“凡是自强不息者,终能得救!”

实现目标的关键

在《圣经》的《路加福音》中,耶稣讲过这样一则寓言:“假设你半夜到你的朋友那里去,说:‘朋友,请借给我三个饼,因为我有一个朋友行路,来到我这里,我没有什么给他摆上。’那人在屋里回答道:‘不要搅扰我。门已经关闭,孩子们也同我在床上了。我不能起来给你。’我告诉你们,虽然他不像个朋友似的起来给你,但只要你一个劲儿地敲下去,因为你的坚持,他就一定起来照你所需要的给你。”

这就是有关坚持的哲理。

在一座很高很高的山脚下,有三个准备爬山的人碰到了一块儿。这三个人几乎同时开始行动,可是由于三个人的心态不同,慢慢地就出现了三种不同的结果。

第一个人喜欢爬一步回头看一步,他很清楚自己在做什么,也相当看重自己的成绩,所以他随时都想知道自己究竟爬到什么地方了。这样,他爬了一段,觉得的确已经很高了,心里想道:“大概离山顶也差不多了罢。”就仰起头来向上看看,可是山顶简直看都看不见呢。这个人忽然觉得很无聊,好像自己是在做些毫无意义的事情。他自言自语地说:“我爬了这么长时间,还是在山脚,那我什么时候才能爬到山顶呀?既然如此,我又爬它干什么!不如趁早回头吧。”于是,他果然头也不回地下山了。

第二个人,凭着一股热情一下子就爬到了半山,这真是挺不容易的,不但别人羡慕他,就是他自己也有点惊讶自己会爬得这样快,所以他就坐了下来向下半山看看,又向上半山看了看,心里着实有些得意。他不觉自言自语地说道:“嘿嘿,真没想到,我一下子就爬到半山腰子!真够厉害的了。不过,我已经爬得这样高了,也真够辛苦的;说到成绩,我自估一下,也不能算少。那么,这以后的一半山路,我要别人用小轿子来抬,也不算过分吧!这点资格,我还是应该有的。”他这样想着,也真的这样做了。于是,他老坐着休息,等人家用小轿子去抬他上山顶。可惜,似乎并没有人去抬他。假如他自己不上山去或下山来,也许他一直要在都坐在那儿等下去。

只有第三个人,似乎是一个平平常常的人,大概因为他是平常人吧,他觉得爬山可并不是那么容易，然而也并不太艰难，别人能够爬，他也就能够爬。所以他既没有把自己看得一无用处，也没有把自己看得如何了不起。这样，人们看见，他只是一步一步地爬上去，也就一步一步地接近那山顶。而最后，只有他最终爬上了山顶。

第三个人之所以最终能够爬到山顶，就是因为他愿意付出必要的努力，能够“步步为营”，一步步稳健地接近山顶。

《向你挑战》的作者廉·丹佛指出：爬山虽然不那么容易，然而也并不太艰难，只要你一步一步地爬上去，就能爬上山项。在事业上也是同样的道理。在前进的征途中，千万不要一遇到阻力就停下来，轻易地放弃。

在所有那些最终决定成功与否的品质中，“坚持” 无疑是你最终实现目标的关键。

人们总是责怪命运的盲目性，其实命运本身还不如人那么具有盲目性。了解实际生活的人都知道：天道酬勤，命运掌握在那些勤勤恳恳工作的人手中，就如优秀的航海家征服大风大浪一样。对人类历史的研究表明，在成就一番伟业的过程中，一些最普通的品格，如公共意识、注意力、专心致志、持之以恒等等，往往起很大的作用。即使是盖世天才也不能小视这些品质的巨大作用，一般的人就更不用说了。一位学者指出，天才就是不断努力的能力。约翰·弗斯特认为，天才就是点燃自己的智慧之火；波恩认为，“天才就是耐心”。

瓦特可说是世界上最勤劳的人之一，不单是他的生平证明了，而且他所有的经验都证明了这么一个道理：那些天生具有伟大精力和伟大才能的人并非一定就能取得最伟大的成就，只有那些以勤奋和训练有素的技能去充分发挥自己才能的人才会取得伟大成就。与瓦特同时代的许多人所掌握的知识远远多于瓦特，但没有一个人像瓦特一样刻苦工作，把自己所知道的知识服务于对社会有用的实用操作方面。在各种事情中，最重要的是瓦特那种对事业坚忍不拔的探求精神。他认真培养那种积极留心观察、做生活的有心人的习惯，这种习惯是所有高水平工作的头脑所依赖的。实际上，埃德奇沃斯先生就对这种观点情有独钟，他说过，人们头脑中的知识差异在很大程度上更多地是由早年时代所培养起来的留心观察的习惯所决定的，而不是由个人之间能力上任何巨大的差别来决定的。

甚至在孩提时代，瓦特就在自己的游戏玩具中发现了科学性质的东西。散落在他父亲的木匠房里的扇形体激发他去研究光学和天文学；他那体弱多病的状态导致他去探究生理学的奥秘；在偏僻的乡村度假期间，他兴致勃勃地研究植物学；在他从事数学仪器制造期间，他收到一个制作一架管风琴的订单，尽管他没有音乐细胞，但他立即着手去研究，终于成功地制造了这架管风琴。同样，在这种精神的驱使下，当执教于格拉斯哥大学的纽卡门把细小的蒸汽机模型交给瓦特修理时，他马上投入到学习当时所能知道的一切关于热量、蒸发和凝聚的知识中去，同时他开始从事机械学和建筑学的研究。这些努力的结果最后都反映在凝结了他心血的压力蒸汽机上。

天赋过人的人如果没有毅力和恒心作基础，只会成为转瞬即逝的火花；许多意志坚强、持之以恒而智力平平乃至稍稍迟钝的人都会超过那些只有天赋而没有毅力的人。正如意大利民谚所云："走得慢但坚持到底的人才是真正走得快的人。"

那些最能持之以恒、忘我工作的人往往是最成功的。

踩着失败走向成功

《从失败到成功的销售经验》的作者弗兰克·贝特格指出："成功，需要一种从一个失败走到另一个失败，却能够始终不丧失信心的能力。"成功是一位知识贫乏的"教师"，它能教给你的东西很少。我们在失败的时候，学到的东西最多。因此不要害怕失败，失败是成功之母。没有失败，你不可能成功。那些不成功的人是永远没有失败过的人。

在商业领域，期望自己事业成功，仅有学校的知识是远远不够的，你还必须具备社会知识。生活是最严厉的老师，与学校书本教育的方式完全不同。生活的教育方式是：你得首先遭受挫折，然后从挫折中吸取教训。但大多数人由于不知道如何从错误中悟出道理，所以只是一味地逃避错误。他们不知道的是，这种行为本身已经铸成大错。还有一些人犯了错误却没能从中吸取教训。这些都是为什么有如此多的人总是屡次犯着曾经犯过的错误。之所以会一而再、再而三地犯错，就是因为他们不知道如何从错误中吸取教训。在学校，你可能会因为没犯错误而被认为是聪明的学生；而在生活中，你的智慧恰恰源自你犯过的错误和从中吸取的教训。如果一个人真正从所犯的错误中吸取了教训，那么他的生活就会发生改变。那么，他获得的就不是经验，而是智慧了。

在犯了错误之后，绝对不要采取下面的行动：

1.说谎或否认、掩饰自己的行为。

说谎的人总是说“我没做那件事”，或者“不，不，不，那不是我干的”，或者“我不知道这是怎么一回事”，还有“我发誓……”之类的话。还有一类人犯了错误后，习惯于说“噢，这没什么大不了的，情况会好起来的”，或者“出错了吗？哪里出错了”，或“不要着急，事情会如你所愿的”。

2.指责别人，开脱自己的责任。

这类人犯错后往往会说“这是你的错，不是我的错”，或者“如果我妻子花钱不大手大脚的话，我就不会落到如此的地步”，或者“如果没有孩子拖累的话，我早就很富裕了”；他们也会说“顾客只是没有注意到我的产品”，或者“我的雇员对我不忠诚”，“他们说得不清楚”，还有“这是老板的错”等等。还有些人会说“因为我没受过良好的教育，所以我的事业不如意”，“如果再给我点时间的话，我会做好的”，或者“噢，我再不想变富了”，或者“人人都这样，我为何不可……”

3.半途而废。

半途而废的人经常说的话是“我早就告诉过你那样做不管用”，或是“这件事太难了，不值得我投入这么多的精力，还是换个简单一点的吧”，或者，“瞧，我都做了些什么啊？我不想自找麻烦了”。假如一个人说：“我所得到的教训就是再也不那样做了。”那么，这个人也许还没有领悟到犯错误的重要性。如此多的人活在一个贫穷的世界里，是因为他们不断地对自己说：“我再也不那样做了。”而不是说：“我很庆幸自己犯了错误，因为我从这次经历中受益匪浅。”避免犯错误或浪费犯错误机会的人，不能算具备较高的智慧的人，在事业上的成就也会受到限制。

奥格·曼狄诺说，人应该是成功而非失败的。如果能确信这一点，我们必然会充满信心，而且知道跌跤并不是什么可耻的事，而是迈向成功的另一个机会。

重要的是能以勇气、决心和乐观的心境继续努力。经验告诉我们：只要我们持续地用力敲门，它最后总会开的。

失败常常会转化为胜利的祝福。因为：首先，它能使人们放弃那一旦实现就将造成不幸或彻底崩溃的目标，不管这目标的制定是否经过了深思熟虑的过程；其次，它可以打开新的机遇大门，并通过试验——错误——再试验的方法，给人们提供现实生活的有用知识；最后，它能让人们发现什么是过时的方法，给那些骄傲自满者注入一针清醒剂。

失败到底是福祉还是惩罚，这要看个人对它的反应。若某人能够将失败看作命运之手对他的无形引导，并接受这一信号，把自己的前进方向调整到正确的轨道上，那么失败对他来说就是福祉；若某人将失败看作天意对他本身软弱与无能的暗示，并从此心灰意懒，那么失败对他来说就是惩罚。如何对失败做出反应是极关键的，它决定着人的命运，但要知道的是，它总是在个人的完全控制之中。

没有谁能够免于失败与挫折，有的人在一生中会跟它们打很多次交道，但是，每个人也同样地具有以自己的主观态度来对失败做出适当反应的权利与方法。

不按人的主观意志加以控制的环境会导致失败，这样的例子有不少。但是，没有任何一种环境，能阻止人们对失败做出最有益于自己的反应。只有少数人能从经验中得知坚忍不拔精神的正确。这些人承认失败只是暂时的，他们依靠不衰的信念而使失败转化为胜利。我们站在人生的轨道上，也曾目击绝大多数的人在失败中倒下去，永远不能再爬起来。对此，我们只能总结说，一个人没有毅力，那他在任何一行中都无法取得成就。

要相信苦难不会持久

在奥格·曼狄诺的演讲中，经常提到罗伯特·斯契勒的故事：

一天，罗伯特·斯契勒来到芝加哥，要向一群中西部农民发表演说。虽然他满腔热诚，但很快便被他们凝重的面色泼了一盆冷水。农民们强作热情地接待罗伯特，其中一位告诉他说：“我们正过着艰苦的日子，我们需要帮助，我们最需要的是希望，给我们希望吧。”

在罗伯特开始演讲前，主持人向这些听众作介绍，他把罗伯特形容为一个成功的人，但是听众不知道，罗伯特也曾走过他们现在所走的路。

罗伯特的童年是在中西部的一个小农场里度过的。他的父亲本来是一个雇农，后来攒够了钱才买了一个 65 公顷的农场。经济大萧条时，罗伯特只有 3 岁。那年冬天，他们有时连买煤也没钱。那时候罗伯特也要工作，他要爬进猪栏，捡拾猪吃剩后的玉米棒子，用来做燃料。那些日子真苦啊！第二年春天，又遇到严重春旱。罗伯特的父亲准备把辛辛苦苦留起来的几斗宝贵玉米用作种子。

“种了可能枯死，何必还要冒险去种呢？”罗伯特问。

他父亲却说：“不冒险的人永无前途。”

于是，他父亲把留起来的最后一些玉米粒和燕麦，全都拿出来种了。可是，第四个星期过去了，还不见有雨来临，父亲的脸绷得紧紧的。他和其他农民聚在一起祈祷，请求上帝拯救他们的田地和作物。后来，雷声终于响起，天下雨了！虽然罗伯特雀跃万分，但是他的父母知道雨下得不够。不久太阳就再次出现，天气又热起来了。他父亲掐了一把泥土，只有上面四分之一是湿的，下面全是粉状的干泥。

那年夏天，罗伯特看见弗洛德河逐渐干涸，小水坑变成泥坑，平时来回游动的鲶鱼都死了。他父亲的收成只有半车玉米，这个收成和他所播的种子数量刚好相等。父亲在晚餐祈祷时说：“慈爱的主，谢谢你，我今年没有损失，你把我的种子都还给我了。”当时并不是所有的农民都像他父亲那么有信心，一家又一家的农场挂起了“出售”的牌子。他父亲当时请求银行给予帮助，银行信任了他，而且帮助了他。

罗伯特还记得童年时穿着补缀的大衣跟父亲去爱阿华银行，他记得那银行的日历上有这样一句格言：“伟人就是具有无比决心的普通人。”他觉得父亲就是“伟人”。

若干年后6月里的一个寂静下午，罗伯特家受到龙卷风的侵袭。他们起初听到一阵可怕的怒吼声；慢慢地，风暴逐渐逼近了。忽然天上有一堆黑云凸了出来，像个灰色长漏斗般伸向地面。它在半空中悬吊了一阵子，像一条蛇似的蓄势待攻。父亲对母亲喊道：“是龙卷风，珍妮！我们得赶快离开这里！”转瞬间，他们便慌慌张张地开车上路。南行3公里之后，他们把车子停好，看见凶暴的旋风在他们后面肆虐……再返回家时，一切都没有了，半小时前还在那里的9幢刚刷过的房屋，现在一幢也不存在了，只剩下地基。父亲坐在那里惊愕得双手紧握方向盘。这时，罗伯特注意到父亲满头白发，身体由于艰辛劳作而显得瘦弱不堪。突然间，父亲的双手猛拍方向盘，他哭了：“一切都完了！珍妮多年的心血在几分钟内全完了！”

但是，他父亲不肯服输。两星期后，他们在附近小镇上找到一幢正在拆卸的房子，他们花了50美元买下其中一部分，然后一块块地把它拆下来。就是用这些零碎东西，他们在旧地基上建了一幢很小的新房子。以后几年，又陆续建起了一幢幢房屋。结果，他父亲在有生之年，看到了他的农场经营得非常成功。

讲完了自己的故事，罗伯特告诉听众："苦难不会持久，强者可以长存！"台下顿时响起热烈掌声。那些已经失去希望以及曾与沮丧情绪搏斗的人，重新获得了希望。他们有了新的憧憬，开始再度梦想起了未来。奥格·曼狄诺写道："当你面对艰苦日子的时候，千万不要泄气，不要绝望，要坚持硬挺下去。如果困苦好像达到顶点的时候，你就要提醒自己：苦难不会持久，强者却可长存！"

受苦之后才能获得荣耀

人生的路程既然与苦难分不开，我们就该懂得接受苦难。会接受苦难，苦难就成了上帝赐下来的化了装的福庇；不会接受苦难，苦难就真的成了难以承受的重担。

人生总有迂回曲折，在你的成长过程中，注定会遭遇很多的挫折，这就是现实。在这些人生的转折关头，应该如何去看待，进而如何去应付，就全看你自己了。你可以把它当作一种"挑战"或者也可以像大多数人一样，把它当成时运不济、危机、灾难……而不想寻找更可靠的道路再尝试一次，并作为自己承认失败的借口。

在失望面前，你必须坚强起来，冷静面对失望。失望与快乐，都是人生的一部分。如果你今后在希望落空时，不能把它视为仅是一时的退却或应该克服的考验，反而当作毫无道理的大失败，那么你将会被失败彻底击溃！当你甘心承受失败，并且失去再尝试的意愿时，就是真正的失败了。

有许多年轻人，遇到障碍的时候，便对所追求的理想心灰意冷。他们退缩下来，说命运是冷酷的，然后逐渐变成胆小的人，这实在是很遗憾的事。真正重要的，不是我们人生中的偶发事件，而是我们如何面对这些偶发事件来创造各种不同的人生，绝不能因为挫折而阻碍了自己的前途。面临困境时，就是你向命运挑战的时候，这时就要有拒绝失败的勇气。当然，打消念头、退缩放弃是很容易的，多数人在日常生活中也证实了这一点。然而，拒绝失败的人，在一个地方吃了闭门羹，会去敲另外一扇门，一次又一次不断继续敲门，一直到被接受为止。在年轻时能这样处世的人，一定会获得成功的。

虽然我们没有办法都成为皇帝或女王，我们真正没有办法达成的愿望大概也只有这个了。但只要保持着积极应付人生“迂回曲折”的心理，其他的愿望几乎都在伸手可及的范围内。反复地对自己说：“我一定会胜利！我一定会胜利！”不知不觉中，你的心便会自动地指示你下一步应该进行的步骤。

检验一个人的品格，最好是在他失败的时候，看他失败了以后将会怎样。失败能唤起他的更多的勇气吗？失败能使他做出更大的努力吗？失败能使他发现新力量、挖掘潜力吗？失败了以后，是决心加倍地坚强还是就此心灰意冷呢？

爱默生说：“伟大、高贵的人物最明显的标志，就是他坚忍不拔的意志。不管环境如何恶劣，他的初衷与希望不会有丝毫的改变，并将最终克服阻力达到所企望的目标。”

跌倒以后，立刻站立起来，向失败夺取胜利，这是自古以来伟大人物的成功秘诀。

有人问一个小孩，怎样才能学会溜冰。小孩回答：“每次跌倒之后，立刻爬起来！”促使个人成功或军队胜利的，实际上也是这种精神。跌倒算不得失败，跌倒后不站起来才是失败。

过去的生活对于你，可能是一页页创痛深刻的伤心史！在回顾过去的一切时，你会觉得你处处失败，碌碌无为！你热烈地期望成功的事业竟不曾成功；你所爱的亲戚朋友甚至会离弃你！你可能失掉职位，甚至可能因不能维持家庭而失掉家庭！你的前途，似乎十分惨淡和黑暗！然而，虽有上述各种不幸，只要你不甘心永远屈服，胜利就会向你招手并等待你的到来。

要善于检验你人格的伟大力量。你应该常常扪心自问，除了自己的生命以外，如果一切都已丧失了以后，在你的生命中还剩余些什么？在遭受失败以后，你还有多少勇气？假使你在失败之后，从此振作不起、放手不干、自甘屈服，那么别人就可以断定，你根本算不上什么人物；但假如你能雄心不减，进步向前，不失望、不放弃，那么别人可以知道，你的人格之高、勇气之大，是可以超过你的损失、灾祸与失败的。

或许你要说，你已经失败很多次，所以再试也是徒劳无益；你跌倒的次数过多，再站立起来也是无用。对于永不屈服的人，绝没有什么失败！不管失败的次数怎样多、时间怎样晚，胜利仍然是可期的。

有些人虽然已丧失了他们所有的一切，然而他们还不算是失败，因为他们仍然有着不可屈服的意志和永不认输的精神。

人格伟大的人，对于世间的成败荣辱不甚在意。虽然灾祸和失望频频降临，他总能超越和克服它们，并且从来不会失去镇静。在暴风雨猛烈的袭击中，心灵脆弱的人只能束手无策，而伟人的自信精神却能依然存在，伟人可以克服外界的一切干扰，使之不为害于己。

什么是失败?《从失败到成功的销售经验》的作者弗兰克·贝特格说："不是别的，失败只是走上较高地位的第一台阶。"许多人之所以成功，就是受赐于先前的屡屡失败。假使他没有遭遇过失败，他恐怕不能获得大胜利。对于有骨气、有作为的人，失败反而可以增强他的决心和勇气。

对于那自信其能力而不介意暂时失败的人，就没有所谓失败！对于怀着百折不挠的意志、有坚定目标的人，没有所谓失败！对于别人放弃而他仍然坚持、别人后退而他仍然前进的人，没有所谓失败！对于每次跌倒立刻站起来、每次坠地反会像皮球一样跳得更高的人，没有所谓失败！

如果在连续三次跌倒之后你还能顽强不息地奋斗，那么你就不必怀疑自己在某个领域内可能成为一位杰出人物。

不要轻易被"拒绝"所打败

《向你挑战》一书的作者廉·丹佛讲过这样一个故事：在美国麻省理工学院进行过一个有趣的实验，研究人员用铁圈将一个小南瓜整个箍住，以观察当南瓜逐渐地长大时，对这个铁圈产生压力有多大。研究人员希望了解这个南瓜能够在成长过程中，与铁圈互动产生多少的力道，以便了解这个南瓜能够承受多大的压力。

最初他们估计，南瓜最大能够承受大约500磅的压力。最后当研究结束时，整个南瓜承受了超过5000磅的压力后瓜皮才破裂。他们打开南瓜，发现它中间充满了坚韧牢固的层层纤维，试图想要突破包围它的铁圈。为了吸收充分的养分，以便突破限制成长的铁圈，它的根部延展范围令人吃惊，所有的根向不同的方向伸展，最后这个南瓜就像独自控制了整个花园的土壤养分。

我们对于自己能够变成多么坚强都毫无概念。假如南瓜能够承受如此巨大的外力，那么人类在相同的环境下又能够承受多少压力？只要敢于在充满荆棘的道路上奋进，大多数的人都能够承受超过我们所预设的压力。

桑德斯上校是“肯德基炸鸡”连锁店的创办人，他在年龄高达65岁时才开始从事这个事业。因为他身无分文且孑然一身，当他拿到生平第一张救济金支票，金额只有105美元时，内心实在是极度沮丧。他不怪这个社会，也未写信去骂国会，仅是心平气和地自问：“到底我对人们能作出何种贡献呢？我有什么可以回馈的呢？”随之，他便思量起自己的所有，试图找出可为之处。

第一个浮上他心头的答案是：“很好，我拥有一份人人都会喜欢的炸鸡秘方，不知道餐馆要不要？我这么做是否划算？”随即他又想到：“我真是笨得可以，卖掉这份秘方所赚的钱还不够我付房租呢！如果餐馆生意因此提升的话，那又该如何呢？如果上门的顾客增加，且指名要点用炸鸡，或许餐馆会让我从中抽成也说不定。”

好点子固然人人都会有，但桑德斯上校跟大多数人不一样，他不但会想，而且还知道怎样付诸行动。随之，他便挨家挨户拜访，把想法告诉每家餐馆：“我有一份上好的炸鸡秘方，如果你能采用，相信生意一定能够提升，而我希望能从增加的营业额里抽成。”

很多人都当面嘲笑他：“得了吧，老家伙，若是有这么好的秘方，你干吗还穿着这么可笑的白色服装？”这些话是否让桑德斯上校打退堂鼓呢？丝毫没有，因为他还拥有一个成功秘诀，我们称其为“能力法则”，意思是指“不懈地拿出行动”：无论做什么事时，必须从其中好好学习，找出下次能做好的更好方法。桑德斯上校确实奉行了这条法则，从不为前一家餐馆的拒绝而懊恼，反倒用心修正说词，以更有效的方法去说服下一家餐馆。

在桑德斯上校的点子最终被接受之前，你可知道他被拒绝了多少次吗？整整1009次。在过去两年时间里，他驾着自己那辆又旧又破的老爷车，跑遍了美国每一个角落。困了就和衣睡在后座，醒来逢人便诉说他那些点子。他为人示范所炸的鸡肉，经常就是果腹的餐点。历经1009次的拒绝，整整两年的时间，有多少人还能够锲而不舍地继续下去呢？真是少之又少了，也无怪乎世上只有一位桑德斯上校。我们相信很难有几个人能受得了20次的拒绝，更别说是100次或1000次的拒绝。然而这也就是成功的关键之处。

如果你好好审视历史上那些成大功、立大业的人物，就会发现他们都有一个共同的特点，不轻易为“拒绝”所打败，不达成他们的理想、目标、心愿就绝不罢休。华特·迪斯尼为了实现建立“地球上最欢乐之地”的美梦，四处向银行融资，可是被拒绝了302次之多。今天，每年有成百万游客享受到前所未有的“迪斯尼欢乐”，这全都出于一个人的决心。

奥格·曼狄诺写道：多方努力去尝试，凭毅力与弹性去追求所企望的目标，最终必然会得到自己所要的，可千万别半途而废。这句话说来简单，但做到很难。我们希望如果你从内心同意，就从现在起拿出必要的行动，哪怕只是小小的一步。

坚持就有成功

面对困难不退却、不逃跑，坚持奋斗就有成功的希望！

要论遭受的挫折和失败，有谁能和亚巴拉罕·林肯相比？以下是林肯的部分简历：

22岁 生意失败；
23岁 竞选州议员失败；
24岁 生意再次失败；
25岁 当选州议员；
29岁 竞选州议长失败；
34岁 竞选国会议员失败；
37岁 当选国会议员；
39岁 国会议员连任失败；
46岁 竞选参议员失败；
47岁 竞选副总统失败；
49岁 竞选参议员再次失败；
51岁 当选美国总统。

林肯的经历一定会对你有所启发。1832年，林肯失业了，这使他很伤心，但他下决心要当政治家，当州议员，糟糕的是他竞选失败了。在一年里遭受两次打击，这对他来说无疑是痛苦的。他着手自己开办企业，可一年不到，这家企业又倒闭了。在以后的17年间，他不得不为偿还企业倒闭时所欠的债务而到处奔波，历尽磨难。他再一次决定参加竞选州议员，这次他成功了。他内心萌发了一丝希望，认为自己的生活有了转机："可能我可以成功了！"第二年，即1835年，他订婚了，但离结婚还差几个月的时候，未婚妻不幸去世。这对他精神上的打击实在太大了，他心力交瘁，数月卧床不起。在1836年他还得过神经衰弱症。1838年他觉得身体状况良好，于是决定竞选州议会议长，可他失败了。1843年，他又参加竞选美国国会议员，但这次仍然没有成功。

他虽然一次次地尝试，却又一次次地遭受失败：企业倒闭、未婚妻去世、竞选败北。要是你碰到这一切，你会不会放弃？然而林肯没有放弃。1846年，他又一次参加竞选国会议员，最后终于当选了。两年任期很快过去了，他决定要争取连任。他认为自己作为国会议员表现是出色的，相信选民会继续选举他。但结果很遗憾，他落选了，因为这次竞选他赔了一大笔钱。他申请当本州的土地官员，但州政府把他的申请退了回来，上面写着："做本州的土地官员要求有卓越的才能和超常的智力，您未能满足这些要求。"

又是两次失败。在这种情况下如果是你，你还会坚持继续努力吗？你会不会说"我失败了"？

但林肯没有服输。1854年，他再次竞选参议员，但又失败了；两年后他竞选美国副总统提名，结果被对手击败；又过了两年，他又一次竞选参议员，还是失败了。

在林肯大半生的奋斗和进取中，有9次失败，只有3次成功，而第3次成功就是当选为美国的第16届总统。那屡次的失败非但没有动摇他坚定的信念，反而激励和鞭策了他。每个人都难免要遇到挫折和失败，而阿伯拉罕·林肯面对失败却没有退却、没有逃跑，他坚持着、奋斗着。他始终有充分的信心向命运挑战，他压根就没想过要放弃努力，他不愿放弃，所以他成功了。

在向成功之巅攀登的途中，你必须记住：梯子上的每一级横阶放在那儿是让你搁脚的，是让你向更高处爬的，而不是用来让你休息的。

威廉·詹姆士说："在失败了之后，我们不仅要重整旗鼓，而且还要做第3次、第4次、第5次、第6次甚至是第7次的努力。在每个人体内都储备有巨大的力量,除非你明白并坚持开发利用,否则它毫无意义。"

始终保持成功的愿望

《神奇的情感力量》一书的作者罗伊·加恩写道:"每个人在一生中都有成功的机会,但是大多数人不会成功。因为他们不愿付出代价。他们有能力,但缺乏成功的至关重要的因素——成功的愿望。成功的愿望仅仅是观念的一部分。如果你具备了这一品质,你就会无所不能,任何事你都能干,并最终成为一个胜利者。"

在阿特·威廉当足球教练的时候,接管了一个弱队,全是体重不足、缺乏经验的青少年。这个队屡经失败,队员们甚至不愿意穿上运动服出去训练。威廉清楚,在一个季度内,让他们成体格强壮、经验丰富的职业足球运动员是不可能的,任何教练也做不到。他唯一能做的就是让他们意识到自己是胜利者。

起初,队员们以为威廉疯了。但是渐渐地,他们开始相信他的话,并开始把他们自己当作对手。第一场比赛赢了,因为他们竭尽全力,什么也阻挡不了他们,胜利的观念已固定在脑海中。一夜间,他们并没有变,同其他的足球队仍不是一个等级。但他们认为自己是胜利者,这一观念改变了结局。

作家和学者们年复一年地对事业成功之人进行研究,得出了这样的结论:胜利的观念是取得成功的关键。成功由三部分组成,一部分是"才能",一部分是"机遇",一部分是"成功的愿望"。成功者的普遍共性是能够正确估价自己作为胜利者的能力。这一点为什么如此重要呢?因为每个人都不愿意放弃自己的希望。胜利者一般都有一种想要成功的"火一般炽烈的欲望"。这种品质提供了达到目标所需要的动力。

为了成功,你必须追求胜利。行动上的"胜利愿望"意味着即使在逆境面前也能拥有坚忍不拔的态度和成功的决心。有人给"胜利者"这样下定义:

"大多数人能坚持两三个月。一部分能坚持两三年。但是胜利者总是坚持到底,直至胜利。"

每个人都有能力在现有的水平上，使生活有所转机，做一个出类拔萃的人。有这样的决定就是胜利的起点。

要形成成功的观念，一定要学习如何梦想。一定要再一次变得振奋、自信和热情，在屡受挫折之后，把这一切转化为成功的观念。在这方面，辛迪的经历值得每一个人借鉴：

辛迪在公司当兼职雇员，干得不错。后来，丈夫同她一起从事这一工作。然而不幸降临，女儿染上重病、房子起火、公司的许多职员退职，经营处于停滞状态。两辆轿车卖掉了，钱花得一干二净。情况却越来越严重，婆母又突然生病。如果换了别人，或许会认为那样的日子是生活中的灾难。但辛迪不是这样看的！在辛迪看来，这是她生活的转折点，是她决定驾驭自己的生活并取得成功的时候。

丈夫回来后，他们便商量。他到外面去工作而辛迪从商。在不名一文、背着数以千计的债务的情况下，他们又开始了工作。一点一点地，一天一天地，还债、生活，他们终于熬过来了。后来，辛迪在一个商业领域任总经理。

是什么力量促使辛迪重新振作起来？是成功的观念，是不甘失败的决心，还有使自己梦想成为现实的能力。

梦想往往同命运联系在一起。为了你的生活，好好想想吧！去寻找你一直在渴望的梦——出类拔萃的梦，用这个梦来建起你的成功的观念。如果你有成功的观念，你就有了无所不胜的保证，只有真正的胜者具备这种保证，才能做出一番伟大的事业。

依靠忍耐渡过困难时期

坚忍，是克服一切困难的保障，它可以帮助人们成就梦想。

有了坚忍，人们在遇到大灾祸、大困苦的时候，就不会无所适从；在各种困难和打击面前，就能顽强地生活下去。世界上没有其他任何东西可以代替坚忍。它是唯一的，不可或缺的。

坚忍，是所有成就大事业的人的共同特征。他们中有的人或许没有受过高等教育，或许有其他弱点和缺陷，但他们一定都是坚忍不拔的人。劳苦不足以让他们丧志，困难不能让他们灰心。不管遇到什么曲折，他们都坚持，忍耐着。

以坚忍为资本去从事事业的人，他们所取得的成功，比以金钱为资本的人更大。许多人做事有始无终，就因为他们没有充分的忍耐力，使他们无法达到最终的目的。然而，一个伟大的人，一个有坚忍力的人却绝非这样。他总是不肯放弃，不肯停止，而在再次失败之后，还会含笑而起，以更大的决心和勇气继续前进。

做任何事，是否不达目的不罢休，这是测验人们品格的一种标准。坚忍是一种极为可贵的品性。许多人在顺利时肯随大众向前，也肯努力奋斗。但当大家都退出，或欲后退时，还能够独自一人孤军奋战的人，才是难能可贵的。这需要很强的坚忍力。

对于一个希望依靠智慧和努力获得成功的人，也需要始终不停地问自己："你有耐性吗？你有坚忍力吗？你能在失败之后，仍然坚持吗？你能不管任何阻碍，继续前进吗？"

无论有多少困难，至多也不过堆积成一座山罢了。你要做的，只是将问题理清，"一次一种"予以解决，从而一日复一日地渡过难关。这种方法绝非新创，许多人处于艰苦环境时，都是依此方式度过窘境的。你应该锻炼忍耐力，使自己在重重压力之下，仍能保持明晰的思考。

生于公元前200年的罗马喜剧作家布劳道斯也说过："忍耐，乃是所有困难的最佳解决方法。"你也应该将此奉为座右铭，身体力行、亲身体验，以一日为单位，锻炼自己的忍耐力。

富兰克林说："有耐心的人无往而不胜。"

耐心需要特别的勇气。对一个理想或目标要完全地投入，而且要不屈不挠，坚持到底。就像白朗宁所说："有勇气改变你能够改变的，愿意接受你无法改变的，并且明智地判断你是否有能力改变。"因此，追求人生目标的决心愈坚定，你就愈有耐心克服阻碍。所谓的"耐心"，是指动态而非静态，主动而不是被动，是一种主导命运的积极力量，而不是向环境屈服。这种力量在我们的内心源源不断，但必须严密地控制及引导，以一种几乎是不可思议的执著，投入既定的目标。

有了坚定的人生方向，可以提高你对挫折的忍受力。你知道目标逐渐接近，这些只是暂时的耽搁。如果你积极地面对困难，问题就能迎刃而解。耐心等待机会，你就能在意想不到中获得成功。

机会是一种稍纵即逝的东西，而且机会的产生也并非易事，因此不可能每个人什么时候都有机会可抓。在机会还没有来临时，最好的办法就是——等待，等待，再等待。在等待中为机会的到来做好准备。一旦机会在你面前出现，千万别犹豫，抓住它，那你就是成功者。

那么，该如何培养耐心呢？很简单，努力确定人生的目标，专注于你的目标，那么你所有的思想、行动及意念都会朝着那个方向前进。耐力是身体健康的一部分，不管发生了什么情况，你都必须具有坚持把工作完成到底的能力。耐力是身体健康和精神饱满的一种象征，这也是你成为别人的领导者并赢得卓越的驾驭能力所必需的一种个人品质。实际上，忍耐力是与勇气紧密相关的，是当事态真正遇到困难时你所必备的一种坚持到底的能力，是需要跑上几公里还得具有百米冲刺的能力。忍耐力也可以被认为是需要忍受疼痛、疲劳、艰苦，并体现在体力上和精神上的持久力。

忍耐力是你在极其艰苦的精神和肉体的压力下长期从事卓有成效的工作能力，忍耐力是需要你长时间付出的额外努力，而且它也是一种你想具备卓越的驾驭人的能力所必须培养的重要的个人品质。

说实在的，有时你可能不需要在体力上像某些人在工作中表现出的那种耐力。然而，不管你是表现出也好，不表现出也好，那工作还是需要去坚持，不管你碰到什么障碍和困难，你都得把它成功地进行到底，所以，为了锻炼你精神和肉体上的忍耐力，拿破仑·希尔建议我们按下面这五项指导原则去做：

1.不要沉湎于会降低你的身体和精神效率的活动。比如说吸烟，如果不能武断地说会影响你的健康，至少可以说它会影响你呼吸系统的正常运行。然而科学研究证明吸烟的害处远远不止对于呼吸系统。

饮酒过量也会降低你身体的免疫力，饮酒过量还会降低你清晰思考的能力，也会降低大脑发挥正常作用的能力，最终会导致体力和脑力的剧烈恶化，而且会越来越严重。几乎没有哪个喝酒过量的人会成为成功的管理人员或者掌握高超的驾驭能力。事实上，有不少已经获得了成功的执行人员由于嗜酒成癖，最后反受其害，从他们的领导或负责人的地位上跌落下来。

2.培养体育锻炼的习惯有助于增强你的体质。对于一个成天忙于怎样赚钱的人，进行体育运动，似乎是最合适不过的了。不管是什么类型的体育锻炼，只要你能持之以恒，都会增强你的体质，如果运用超负荷的原则还可以增加你的忍耐力。超负荷的原则早已被实践所证明，肌肉的发达与改善是根据你增加给肌肉的压力需要而定的,如果你期望不断地改善,随着能力的不断增加,给肌肉的这种压力需要也必须不断地增加。

3.学会一种你自己一个人能玩,到了老年时也能享受其乐趣的运动项目。垒球、网球、排球,虽然是很好的运动项目,但一个人没法玩,年纪大了也不便玩。可是,高尔夫球、保龄球、打猎、钓鱼,却是一些既能与其他人共同享受,又能自己单独享受的运动项目。健康的体魄是你谋取财富的第一个物质基础。

4.通过不断地强迫你自己去做一些紧张的脑力劳动来考验你的精神忍耐力。有时,当你疲劳至极,而且你的精力也已到了殆尽的地步时,你还要强迫自己工作,这是学会在极大压力下还能继续进行工作的唯一方法。学会这个也得运用超负荷的原则。

5.以你最佳的体力和智力状态完成各项工作。这通常是对你的忍耐力的最好考验,这也是保持勇气、保持耐力的一种方法。

善于对付问题而获得幸福

《思考的人》一书的作者詹姆斯·E·艾伦说过:要想主宰自己,就需要摒弃一些常见的荒谬观点。其中最主要的一点就是,衡量一个人的智力要看他能否解决复杂的问题,能否在阅读、写作或计算等方面达到一定水平,能否迅速地解答抽象的方程式。根据这种观点,只有正式教育和书本知识的多少才是衡量一个人成就大小的真正标准。这就会助长一种知识势利倾向,并会使得另外一些人悲观失望。现在人们往往以为,一个人如果有很多文凭,如果某一方面成就突出(如数学、科技、词汇量、记忆力或速读),他就是"聪明"的。然而,精神病院里,既有许多没有受到良好教育的病人,也有受过良好教育的病人。事实上,衡量智力高低更切实的标准在于:能否每天、甚至每时每刻都真正幸福地生活。

由此可见,如果你很幸福,又充分地利用生命的每分每秒,你就是一个聪明的人。善于解决问题的确有助于幸福,但如果你懂得,尽管你或许不能解决某一具体困难,你仍能使自己精神愉快,或至少不会使自己不愉快,那么,你就是聪明的。你的聪明就在于你拥有对付崩溃的有力武器。

你或许会感到惊奇的是,事实上并不存在神经崩溃的问题。神经本身并不会崩断。假使通过解剖去寻找崩断的神经,你什么也找不到。“聪明”人没有精神崩溃的问题,因为他们懂得如何摆脱消极情绪并得到幸福,而且他们知道如何对付生活中的问题。请注意,我并没有说“解决”问题。聪明人评价智力的标准,不是看其解决问题的能力如何,而是看其保持精神快乐、保持自我价值的能力如何。至于问题是否得到解决,那倒是次要的。

因此,根据自己在困难条件下所选择的感情,你便可以确定自己是不是一个真正聪明的人。我们每个人所面临的生活斗争几乎都是一样的,因为任何人只要同其他人进行社会交往,就会遇到相似的问题。意见分歧、矛盾冲突和妥协让步都是人们生活中的一部分。同样,金钱财富、生老病死、天灾人祸也是每个人几乎都要遇到的问题。在这些问题面前,有些人能够经受住考验,不使自己心灰意懒;另外一些人则会一蹶不振,甚至精神崩溃。由此可见,一个人如果认为这些问题不过是生活的一部分、并且不是以这些问题的存在与否作为衡量幸福的标准,那么他便是最聪明的,也是最难能可贵的。

在生活中,我们要学会对付各种问题而获得幸福。

只要努力就会成功

奥格·曼狄诺相信,只要你持续不断地努力,就几乎能够战胜一切困难,克服一切障碍,完成一切任务。

如果你曾经到过新奥尔良的码头,毫无疑问,你一定会被一艘艘拖船拉着沿密西西比河成排的大货船这样的画面所震慑。

一艘不过30英尺长的小拖船,可以拉着一长排每艘重量超过1万吨的货船。拖船之所有具有这种不可思议的力量,秘诀在哪里?

答案是拖船船长知道如果慢慢地一点一点拖动它,就能使它乖乖听话。如果他想以蛮力强迫一艘运油船改变方向,那是不可能的事,无论他如何加足马力或撞击运油船,都没办法做到。但如果这么一点一点来,然后在某一时机做适当的动作,他就能达到不可思议的结果。

这对于完成一个交易的启示是什么?是的,一点一点地来,你就能完成难以想象的艰巨任务。你可以扭转最顽固的买方,让他改变心意下订单给你。只要你持续不断地努力。

罗杰·道森曾使用“拖船成交策略”成功地向银行贷到25万美元的贷款。一度他和一个投资家共同拥有33栋房子，后来他想将对方全部的所有权买过来。要达成这个目的，他必须找到一家银行在对房子只有第二顺位的债权下，愿意提供给他25万美金的贷款。

一开始，银行拒绝这么高风险的放款。罗杰·道森便要求和他们刚上任的副总经理见面。后来他发现只要和副总经理洽谈的时间够久，就很有机会拿到想要的放款。

经过一小时的洽谈，副总经理同意只要他们存了10万美元的定存当担保，他便同意放款25万美元。但道森并未因此作罢。他不断地重申自己的立场，持续地打扰他。就这么又经过一个小时的纠缠后，对方同意在只以房子为担保品的情况下放款。

尽管对方在昨天、一小时前甚至1分钟前给了你否定的答案，但不代表在你下次问他时，他还会给你否定的答案。持续努力，适当的时机做适当的动作，你就可能让一块顽石点头。

132 下定决心坚持到底

莎莉·拉斐尔和罗纳德·皮尔的事迹常被奥格·曼狄诺奉为因坚持不懈而成功的经典之例。

电台广播员莎莉·拉斐尔在她的30年职业生涯中，曾遭辞退18次，可是每次事后她都放眼更高处，确立更远大的目标。现在莎莉·拉斐尔已成为自办电视节目的主持人，曾经两度获奖。“我被辞退了18次，本来大有可能被这些遭遇所吓退，做不成我想做的事情，”她说，“结果相反，我让它们鞭策我勇往直前。”

罗纳德·皮尔经常对别人说：“只要坚持下去，总有一天情况会好转的。”他这样讲述自己的亲身经历和体验：

每当我失意时，我母亲就说：“最好的总会到来，如果你坚持下去，总有一天你会交上好运。并且你会认识到，要是没有从前的失败，那是不会发生的。”

母亲是对的，我在1932年大学毕业后发现了这点。我当时决定试试在电台找份工作，然后，再设法去做一名体育播音员。我搭便车去了芝加哥,敲开了每一家电台的门,但碰了一鼻子灰。在一间播音室里,一位很和气的女士告诉我,大电台是不会冒险雇用一名毫无经验的新手的。“再去试试,找家小电台,那里可能会有机会。”她说。我又搭便车回到了伊利诺伊斯州的迪克逊。虽然迪克逊没有电台,但我父亲说,蒙哥马利·沃德公司开了一家商店,需要一名当地的运动员去经营他的体育专柜。由于我在迪克逊中学打过橄榄球,于是我提出了申请,那工作听起来正适合我,但我没能如愿。

我失望的心情不言而喻。“最好的总会到来。”母亲提醒我说。父亲借车给我,于是我驾车行驶了 70 英里来到了特莱城。我试了试爱荷华州达文波特的 WOC 电台。节目部主任是位很不错的苏格兰人,名叫彼特·麦克阿瑟,他告诉我他们已经雇用了一名播音员。当我离开他的办公室时,受挫的郁闷心情一下子发作了。我大声地喊道:“要是不能在电台工作,又怎么能当上一名体育播音员呢?”

我正在那里等电梯,突然我听到了彼特的叫声:“你刚才说体育什么来着?你懂橄榄球吗?”

接着他让我站在一架麦克风前,叫我凭想象播一场比赛。前一年秋天,我所在的那个队在最后 20 秒时以一个 65 码的猛冲击败了对方。在那场比赛中,我打了 15 分钟。彼特告诉我,我将选播星期六的一场比赛。

在回家的路上,就像自那以后的许多次一样,我想到了母亲的话:“如果你坚持下去,总有一天你会交上好运,并且你会认识到,要是没有从前的失败,也就不会交上好运。”

奥格·曼狄诺说出:“在生活中的不幸面前,有没有坚强刚毅的性格,在某种意义上说,也是区别伟人与庸人的标志之一。”巴尔扎克说:“苦难对于一个天才是一块垫脚石,对于能干的人是一笔财富,而对于庸人却是一个万丈深渊。”有的人在厄运和不幸面前,不屈服、不后退、不动摇,顽强地同命运抗争,因而在重重困难中冲开一条通向胜利的路,成了征服困难的英雄,成为掌握自己命运的主人。而有的人在生活的挫折和打击面前,垂头丧气,自暴自弃,丧失了继续前进的勇气和信心,于是成了庸人和懦夫。

培根说:“好的运气令人羡慕,而战胜厄运则更令人惊叹。”生活中,人们对于那些冲破困难和阻力、经受重大挫折和打击而坚持到底的人,其敬佩程度是远在生活的幸运儿之上的。征服的困难愈大,取得的成就愈不容易，就愈能说明你是真正的英雄。当接连不断的失败使爱迪生的助手们几乎完全失去发明电灯泡的热情时，爱迪生却靠着坚忍不拔的意志，排除了来自各方的精神压力，经过无数次实验，终于发明为人类带来光明的电灯。在这里，爱迪生的超人之处，正在于他对挫折和失败表现出了超人的顽强刚毅精神。

贝多芬以他那孤独痛苦却又热烈追求的一生，给世界留下一句名言："用痛苦换来欢乐。"它曾经鼓舞无数人奋起和自己的不幸进行斗争。一个人能在任何情况下都勇敢地面对人生，无论遭遇到什么，依然保持生活的勇气，保持不屈的奋斗精神，他就是生活中的强者，一个真正坚强的人。相反。有些人在失恋、失学、疾病，工作中的挫折、失败，或其他生活不幸事件的打击下，一蹶不振，精神崩溃，其原因之一就在于缺乏坚强刚毅的性格。

没有一个人生而刚毅，也没有一个人培养不出刚毅的性格。我们不要神化强者，以为自己成不了那种坚强的人。其实，普通人所有的犹豫、顾虑、担忧、动摇、失望等等，在一个强者的内心世界也都可能出现。伽利略屈服过，哥白尼动摇过，奥斯特洛夫斯基想到过自杀，但这并不排除他们是坚强刚毅的人。刚毅的性格和懦弱的性格之间并没有千里鸿沟，刚毅的人不是没有软弱，只是他们能够战胜自己的软弱。只要加强锻炼．从多方面对软弱进行斗争，那就可能成为坚强刚毅的人。

如果你想培养自己承受悲惨命运的能力，你可以采用奥格·曼狄诺总结的下列技巧：

1.下定决心坚持到底

局面越是棘手，越要努力尝试解决。过早地放弃努力，只会增加你的麻烦。面临严重的挫折，只有坚持下去，加倍努力和加快前进的步伐。下定决心坚持到底，并一直坚持到把事情办成。

2.不要低估问题的严重性。

要现实地估计自己面临的危机，不要低估问题的严重性。否则，去改变局面时，就会感到准备不足。

3.做出最大的努力。

不要畏缩不前，要使出自己全部的力量来，不要担心把精力用尽。成功者面对危机时，总能做出更大的努力。他们从不会考虑什么是筋疲力尽。

4.坚持自己的立场。

一旦你下定决心要突然冲向前去，要像服从自己的理智一样去服从自己的直觉。顶住任何压力，坚信自己的观点，坚持自己的立场。

5.不要试图一下子解决所有的问题。

当经历了一次严重的危机之后，在你的情绪完全恢复以前，要满足于每次只迈出一小步。不要企图当个超人，一下子解决自己所有的问题。要挑一件力所能及的事，就干这么一件。每一次成功的体验都会增强你的力量和信心。

6.坚持尝试。

克服危机的方法不是轻易就能找到的，然而，如果你坚持不懈地寻求新的出路，愿意在成功可能性很低的情况下去尝试，你就能找到出路。要保持头脑清醒，睁大眼睛去寻找那些在危机或困境中可能存在的机会。与其专注于灾难的深重，不如努力去寻求一线希望。即便是在混乱与灾难中，也可能形成你独到的见解，它将把你引导到一个值得一试的新的冒险之中去。

第六章

放眼未来 懂得宽恕

宽容是一种雅量，是一种文明，是一种胸怀，更是一种人生境界。宽容了别人就等于宽容了自己，宽容的同时，也创造了生命的美丽。

宰相肚里能撑船

想心胸博大不是说到就能做到的，这需要我们用心去对待每一个人。传说太阳和北风打赌，看谁能先让行人把大衣脱去。结果太阳用它温暖的光轻而易举地使人脱下大衣；而北风使劲地吹，反而使行人把大衣裹得更紧。太阳与北风打赌的故事向我们说明了一个道理：对别人要像太阳那样，用温暖去感化他们，如果一味地强逼压制，就会使人有极强的心理压力。

如果你想成为一个受人欢迎的人，就要有一个博大的胸怀。对他人要真心实意，不能做两面三刀的事。如果彼此间都等待对方先有所表示，那么别指望会有互相理解、彼此合作的那一天了。

春秋时代，齐桓公取得的成就都依赖于管仲的辅佐。但管仲曾因国君继承问题与他作过对，而且曾经刺杀过齐桓公。因此齐桓公即位时想惩罚管仲，后经鲍叔牙的劝说，齐桓公立管仲为卿(相当于相)。管仲为报齐桓公的知遇之恩，在政治上大展才华，不但使齐国兵强国盛，更使齐桓公得以称霸天下。如果齐桓公对曾经和自己敌对的人缺乏包容之心，又不肯接受鲍叔牙的忠言，或许就不会有其日后的成就。

经常有人用“宰相肚里能撑船”来形容大度量。有的人斤斤计较，眼里容不下沙，肚里容不下气，甚至因气量小而闹出病来，他们因自己气量小就强调自己不是宰相；一部分人则相反，本不是宰相却装作宰相，在许多主要问题上不作斗争，一团和气，破坏原则。这两种做法都是不正确的。

我们对没有宰相气量的人不能指望太高，明明没有气量却指望宽宏大量，这是不切实际的想法。人们都应该大事清楚、小事糊涂，这样气量就会慢慢大起来。气量大、有涵养、能容人，这些都是在实际生活和社会交往中磨炼出来的。许多事当忍则忍，能让则让。忍让和宽容不是怯懦胆小，而是关怀体谅。

哲人说：宽容和忍让的痛苦能换来甜蜜的结果。这话千真万确。

《宋名臣言行录》中记载了宰相吕蒙正的故事。吕蒙正中进士后没几年就当上了参知政事，在当时相当于副宰相之职。有一天早晨上朝，听到有人隔帘指责他资历太浅不能居此高职，吕蒙正装作没听见。随行的同僚要为他追查说此话的人，吕蒙正却说："如果我知道这个人的姓名，我还会耿耿于怀，这有什么好处呢？再说，不追究此事，对我也没有什么损失。"正是因为有着这般宽容大度，吕蒙正辅佐太宗才完成了巩固宋初统治的大业，成为一代名相。

忍让和宽容说起来简单，做起来并不容易。因为任何忍让和宽容都是要付出代价的，甚至是痛苦的代价。

人的一生谁都会有个人的利益被他人有意或无意侵害的遭遇。为了培养和锻炼良好的心理素质，你要勇于接受考验，即使在感情无法控制时，也要管住自己的嘴巴，管住自己的大脑，忍一忍才能抵御急躁和鲁莽，控制冲动的行为。如果能像吕蒙正那样再寻找出一条平衡自己心理的理由，说服自己，那就能把忍让的痛苦化解。

如果说忍耐多少掺杂了无可奈何的作料，那么宽容则是发自内心的襟怀坦白。人的成熟表现在性情上的温厚平和，岁月的烘烤不知不觉地蒸发了心灵中多余的水分，使胸怀不至于动辄褊狭，那外面投来的石子也就难以激起太大的水花和波纹。宽容别人也就是宽容自己，不苛求别人也就是不苛求自己。在这个过于拥挤的地球上，在情感的润滑剂日见减少的情况下，人与人之间的正常交际是需要通过宽容的方便之门的。

要宽恕伤害过自己的人

人们在受到伤害的时候，最容易产生两种不同的反应：一种是憎恨，一种是宽恕。

憎恨的情绪，使人沉陷在痛苦的深渊里。如果憎恨的情绪持续在心里发酵，可能会使生活逐渐失去秩序，行为越来越极端，最后一发不可收拾。而宽恕就不同了。宽恕必须随被伤害的事实从"怨怒伤痛"到"我认了"这样的情绪转折，最后认识到不宽恕的坏处，从而积极地思考如何来原谅对方。

甘地是20世纪印度民族独立运动最有权威的领导者，印度国民大会党的主要领导人，人称"圣雄"。甘地不仅是出色的领袖，也是杰出的思想家，他的思想和主张对整个印度半岛产生了巨大而深远的影响。甘地的思想很特别，他的政治观念是建立在印度传统宗教思想基础之上的。英雄式的宽容,使甘地的“非暴力运动精神”注入到了印度人的灵魂之中,从而使英国殖民当局武力式的压迫在非暴力运动精神面前束手无策。

在甘地的工作中,找不出任何一点以权谋私的痕迹。他总是以牺牲自己的伟大精神来对待工作,并希望借此号召信徒,感化敌人。甘地的心灵永远是仁慈、虔诚的,甘地的胸怀永远是宽容、博大的,即使面对敌人也是如此。

1907 年,因为甘地所采取的非暴力抵抗运动遭到部分激进分子的抵制,同时,英国当局又用尽手段迫使他屈服。有一天,甘地在大街上被一群暴徒无情地攻击和毒打,这群人打到以为他断气了才离开。而后,甘地又被捕入狱,判刑后做了苦役。在那非常时期里,甘地仍然以他那无比的度量、最大的包容宽恕政敌,继续走自己既定的道路。

甘地曾经和泰戈尔在观念上产生过矛盾,两个人之间的友谊曾出现了细微的裂痕,可是当有人在他面前攻击泰戈尔时,甘地就想办法阻止他们说下去,并毫不客气地命令他们不要散布流言,破坏他和泰戈尔之间的交情。另外,他还发表声明,表示自己应该感谢泰戈尔。甘地就是依靠宽容赢得了他的人民乃至敌人的信任和拥戴的。

宽恕是文明的责罚。只有在有权力责罚时而不责罚,才是宽恕;只有在有能力报复时而不报复,才是宽恕。做人应当拥有这种宽恕的德行。不具备邀请伤害自己的“魔鬼”吃樱桃的度量,是很难取得更大的成就的。

写过不少儿童故事的英国学者路易斯,小时候常受凶恶的老师侮辱,心灵深受创伤。他几乎一生不能宽恕这位伤害过自己的老师,而又因为自己久久无法释怀而感到困扰。然而在他去世前不久,他写信告诉朋友:“两三星期前,我忽然醒悟,终于宽恕了那位使我童年极不愉快的老师。多年来我一直努力想做到这一点,每次以为自己已经做到了,后来却发觉还须再度努力一试。可是这次我觉得我的确做到了。”这真是大彻大悟啊!

真的,仇恨的习惯是难以破除的。和其他许多坏习惯一样,我们通常要把它粉碎很多次,最后才能把它完全消灭。伤害愈深,心理调整所需要的时间就愈长。可是久而久之,总会慢慢地把它消灭。

斯宾诺莎说:“心不是靠武力征服,而是靠爱和宽容大度征服。”如果一个人能原谅、宽容别人,就证明他的心灵已超越了伤害。做人要心胸开阔,对事要思想开明。世界上最能长存的东西——“日子”,也很有限,做人又何必拿这些小事当真呢?宽恕人家所不能宽恕的,是一种高贵的行为。

面对有敌意的同事

面对同事的挑衅及公司里不和谐的气氛，该如何让自己安心专注继续工作？其实只要保持镇静,天下没有应付不了的事。

1.期待挑战。

最好的方法是将每一个经验视为一种有目的的挑战，因为我们可以在不同个性的人,包括挑衅味浓厚的敌对者身上学到待人处事之道。

2.别让心理灼伤。

在生活之中,挑剔的上司、激烈的争执或是巨大的工作压力都会让人受到伤害。此时最好的办法便是在经验及磨炼中学习成长,耐着性子使压力逐渐减弱。

3.难相处的伙伴不是难容身的地方。

办公室如同每个人的第二个家,冲突和矛盾在所难免,畏缩的人总是接受外来的攻击,其实这只是将维系关系的危险性升高罢了。如果压力压得你喘不过气来时,最好单身自处,好好清静一下。毕竟没有人可以完全预测同事的压力,但我们却可调整自己、做好准备,随时以最具效率的方式去接受外来的挑战和刺激。

从容地面对新单位的“老圈子”

每当来到一个陌生的地方,我们总是要先看一看周围的环境和人,然后再融入其中。同样,每当一个陌生人来到我们身边,我们也先要观察他,然后才接纳他,这是常规。

所以,在我们刚刚迈上工作岗位的时候,我们应该心态从容地面对原有圈子里的人,自然不必期待一脚就能够踏进其他同事的旧圈子里。若想尽快加入其中和他们打成一片,则必须要有耐心和智慧。

1.顺其自然,不要虚假。

工作时间是你争取早日融入同事圈子的最好机会。“路遥知马力,日久见人心”,你只管认认真真工作,踏踏实实为人,无论多坚固的旧圈子也会渐渐接纳你的。在你和同事之间,本来就没有什么牢不可破的障碍,只不过因为陌生,或者仅仅因为你自己内心设置的屏障,所以使你感觉的是他们的排斥,实际上未必是事实。工作过程中的每一个平实的日子都是你和同事们相处的最好机会,只要你有耐心,和同事们打成一片不过只是时间问题而已,千万不要把这件事当作一个难题,而应轻轻松松自自然然地去面对这个必经的过程。

需要注意的是:你千万不要为了尽快加入同事圈子,而刻意改变自己去适应别人。比如在言语和行为上故意迎合同事,心底里挺冷淡,而表面上却装成极热情的样子……这样是没有必要的,很累,也不长久。一旦他们看出你虚饰,反而会鄙弃你的为人,倒不利于你融入集体之中了。

2.充分利用业余时间和机会。

除了工作时间,业余时间也是你为尽快融入老团体作努力的好时机,休息日或假日你可以动动脑筋召集举办一些有趣的聚会, 或者真诚地邀请同一办公室的同事去你家里玩, 你亲自做上几道拿手好菜……这都是加强沟通和交流的好方法。

另外,单位集体旅游或者度假时,尽可能地活泼、活跃起来,跟大伙一块说说笑笑,真实地显现你的个性,真诚地表示你的热心。一定不要独来独往,另辟蹊径,那样会让同事们觉得你很难相处。

3.细心关怀、体贴同事。

你不要怕主动表达你的关爱,只要你是真心诚意的。比如去收发室取报纸时,顺便把楼上几个办公室同事的信和报刊都带上去送给他们;比如哪位同事工作忙,中午加班,你就主动帮他买午餐;再比如哪位同事病了,下班后打个电话过去问候一下,诚恳地问他是不是需要帮忙,明天能不能上班等。

即便同事不需要你的帮忙,你的心意他也是会领受的。这样,你随时细心地体察同事的需求,时时抱着善意和助人的心态,那么同事圈子就一定会很快地认同和接受你的。

4.要宽容,要满足。

你永远不必希望一个团体里的每一个人都认同和接受你, 因为人的性情总是多种多样的,你只需要被大多数人接纳和认可就足够了。所以面对个别人的排斥和冷漠你要宽容,认定它是一种正常现象,并且对他一样地微笑，至于他对你的态度如何，你完全没有必要计较。当你已经被一个圈子里的大多数人所接纳和欣赏时，你就已经融入这个群体之中了，你要学会满足。每天怀着一种对一切都满意的心态去面对你的工作和你的同事，你所获得的就是更令你满意的结果。如果你一直紧张，甚至有所抱怨，那么很难融入人群，因为人们总是欢迎那些给他们带来快乐的人，而不是带来尴尬和压抑的人。

宽容地对待爱人的过失

从恋爱的时候起，一对恋人互相说过的爱情誓言是难以计数的。但是结婚以后，要真正实现“长相知”、“永相守”，夫妻间还要经历多少感情的波折也是无法预料的。

有社会调查表明，目前我国城市的夫妻中，关系较好的占40%；关系一般，有些矛盾的占30%；关系恶化，经常吵架甚至闹离婚的占30%。自然，这几个数字所描绘的不是美妙的图画，应该引起新婚夫妇们的警惕。

心理学家曾对80例夫妻间的争吵进行分析，发现四分之三以上是由于一方的责怪引起的。这些责怪往往起源于发现了对方的某些过失，因疏忽而犯的错误或无意间说的错话。在被责怪者不服而辩解或反过来责怪对方时，夫妻间的别扭就闹大了。这种由责怪引起争吵、由争吵引起感情破裂的事情，真是不胜枚举。

心理学家说，在受到别人的指责或责怪时，大多数人都会辩白，除非是做了明显的绝对无可推诿的错事。所谓“辩白”，就是为自己辩解，说明自己错得无意，或者因为情况复杂、错误难免等等，无非是想找点“情有可原”的理由，以减轻一下自己受责怪时的心理负担。值得注意的是，这种心理现象几乎是本能的，也可以说是一种“自然防卫”心理，也可以说是人的自尊要求。在很多情况之下，并不表示受责怪者想推卸责任。实际上在辩解之后，他（她）的心理渐趋平衡，接着便开始自责，承担责任了。只有一贯骄傲或虚荣心太重的人，才会一味地推卸责任。

了解了这一点之后，在你发现爱人的过失而责备他（她）的时候，不妨听他（她）辩解几句，让他（她）心里好受些；不可一味地责备，不要对他（她）辩解的言辞一句句地反驳，使他（她）没有一个下台之处；否则必然会使他(她)更激动,声音高起来,强硬的、不很理智的话就会冒出来。争吵这时就会发生。

也许,对方的某一过失并不值得你去加以责怪,因为那只是一个小过失,或者在那种情形之下,换上你,那过失也是要犯的。即使对方的过失不小,这种道理也同样存在。因此心理学家主张,为了减少过失进一步给双方带来的不快,夫妻间在发现对方的并不十分严重的过失的时候,最好不要去责备他(她)。如果你能够安静地听他(她)讲述事情的经过,听他(她)为自己辩白,然后带一种宽慰对方的语气说一声"啊,今后注意一些就是了"或者"算了,算我们不走运吧"。这是最好的处理方式。此时有过失一方定能如释重负。虽然他(她)还在自责,然而他(她)的心理压力减轻了,而且深深地感激你。

事实上,过失是难以避免的,因为我们大多时候都不是谨小慎微的(而且谨小慎微有时也会成为一种过失)。很多时候,人们都免不了犯下错误,例如不留神打碎了玻璃、递茶时却烫了对方的手等。且不说这些过失一般人并不会生气,就是发生了更大的过失,在对生活有着开朗豁达态度的那些夫妻中,也不会大惊小怪,互相指责吵架。因此夫妻关系中,还是心胸宽广、能够互相体谅为佳。倘若,斤斤计较,家庭生活是很难太平的。在那些对婚姻生活思想准备不足、理想色彩很浓的新婚小夫妻中,因一方的小过失而引起双方的不快,也是经常发生的事。

不要随便指责对方是问题的一个方面,与此同时,新婚夫妇还应该注意,少犯或不犯有损对方自尊心或伤害双方感情的那些过失。这些过失不同于打碎物件或丢失东西,可以用钱来计算,伤害了感情就会在夫妻间微妙的关系中投下阴影。比如妻子好几次嫌丈夫出门穿得不够整齐,衬衣扣子不扣,今天见丈夫还是老样子,就有点生气地说:"你总是不像个样子,早知道就不跟你结婚了!"此话说得过头,很容易伤害他的自尊心。碰上脾气差的,马上还你一句:"你后悔了?那我们就离婚吧?"这样就两败俱伤了。在相互评价的问题上,夫妻双方都是很敏感的。

对爱人的过失要有合乎情理的态度:不是为了在一场争吵中分个高低胜负,而是帮助对方认识过失和改正过失,今后不再发生类似的过失。只有这种妥善的解决办法,才能在一方有过失的时候,仍然保持夫妻关系的和谐,保证爱情更长久。

夫妻之间没有记分卡

“在婚姻生活中，是不需要记分卡的。”记住这位母亲的话吧。夫妻两人都会有各自喜欢与不喜欢做的事，尊重各自的喜好，做力所能及的事，这份包容，正是爱的自然流露。

我们一家人聚在一起说说笑笑，屋里是温暖的炉火和闪烁的圣诞节彩灯，妈妈突然说：“你们有谁想……”她的话还没说完，房间立刻空荡荡的，只剩下我和男友托德了。男友一脸迷惑地问我刚才发生了什么事。我说：“他们都去为妈妈的汽车加油了。”

托德惊叫起来：“现在？外面天寒地冻的，已经是夜里 11:30 了啊！”看着他惊讶的表情，我笑着说：“是的，就现在。”

来到妈妈的汽车旁，我们三下五除二地刮掉汽车挡风玻璃上的霜冻，迫不及待地钻进汽车里。在前往加油站的路上，托德好奇地问我，这么晚了，我们还要去给妈妈的汽车加油，究竟是为什么呢？

“每次我们回家过节的时候，我们都要替爸爸为妈妈加油。”

看着他狐疑的样子，我笑着说：“我妈妈有 20 年自己没加油了。这 20 年来，一直都是爸爸帮她加油。”我耐心地向他解释道：“记得在我大学二年级那年回家度假的时候，我自认为已经长大，已经无所不知了，尤其是关于女权和女性独立自主方面。

有天晚上，我和妈妈正在包礼物，我对妈妈说，将来我结婚以后，一定要让我的丈夫帮着做家务。接着，我问妈妈是否对整日洗熨衣物、刷锅洗碗感到厌倦，她却平静地对我说她从来都没有感到麻烦。这简直令人难以置信。于是，我开始向她大谈特谈两性平等。

妈妈耐心地听我高谈阔论。末了，她注视着我的眼睛说：‘亲爱的，将来你会明白的。在我们的婚姻生活中，总有些事情是你喜欢做的，有些是你不喜欢做的。因此，夫妻两人一定要在一起互相交流，互相协商，看看有哪些事情是你愿意为对方做的，有哪些事情是需要两人共同做的。

此外，夫妻两人要共同分担责任。我真的从来都没有在意过每天做洗熨衣物等家务事。当然，做这些琐事确实花了我不少时间，但是，这是为你爸爸做的。反过来说，我不喜欢去给汽车加油，那种特别难闻的味道着实让我难受，而且我也不喜欢站在寒冷的车外等着加油。

所以，总是你爸爸去为我的汽车加油。还有，你爸爸负责日常到杂货店买东西，我负责做饭；你爸爸负责割草，而我负责清理。在婚姻生活中，是不需要记分卡的。夫妻二人各自为对方做了一些力所能及的事可以让彼此的生活更加舒适，更加从容。只要你想到这是在帮你的爱人做的，你就不会在意这些事有多么的琐碎或是麻烦，因为你这么做完全是因为爱啊！'

这么多年来，我一直都在思考妈妈说过的那些话，我喜欢妈妈和爸爸的这种互相关怀、互相照顾的方法。你知道吗？托德，将来我结婚以后，我也不想在夫妻之间有记分卡。"

在回家的路上，托德显得异乎寻常的安静。当我们回到家的时候，托德熄灭了发动机，转过身，抓住我的双手，深情地看着我，他的脸上洋溢着温柔的笑容，眼睛里闪烁着激动的光彩。"只要你愿意，"他温柔地说，"我愿意一辈子为你加油！"

宽容让孩子保住了自尊

对待孩子，尤其需要这样的宽容，来保护他们的自尊。

肯特·基恩是英国牛津大学的著名心理教授。他的学术成果曾多次获得过国际大奖。2001 年 9 月，他应邀到我国一所少年管教所演讲，讲了下面一段话：

小时候，我是一个调皮捣蛋、不爱学习又极爱报复的孩子。无论在家里还是在学校，父母和老师、兄弟和同学都极其厌恶我，然而，在心里我渴望着大家的关爱，就像人们渴望上帝的福泽一样。我一个人独处的时候常常默默祈祷：上帝啊！给我善良、给我宽厚、给我聪明吧，我也想如卡尔列一样成为同学们的榜样。可是，上帝正患耳疾，我的祈祷没有一句应验。我依然是个令人生厌的坏孩子，甚至因为我，没有老师愿意带我们这个班。

三年级的第一个学期，学校里来了一位新老师，她就是年轻的玛利亚小姐。玛利亚小姐刚一站到讲台上，整个班里都沸腾了，她太漂亮啦！我带头吹口哨、飞吻、往空中扔书本，好多男生跟我学，我们的吵闹声几乎要把房顶掀开。玛利亚小姐没有像其他老师那样大声叫嚷："安静！安静！"

她始终面带微笑地望着我们。奇怪,这样我反而感到很无聊,于是,我打了一个手势,大家立即停止了胡闹。玛利亚小姐开始自我介绍,当她转身想把自己的名字写到黑板上时,才发现讲桌上没有粉笔,我注意到她的眉头皱了一下,很快又舒展了。心想,糟了,她肯定识破了我们的把戏。但是,玛利亚小姐却转过身来问:"谁愿意替老师去拿盒粉笔?"刚刚平静下来的沸腾又开始了,怪声怪气的笑声再次淹没了整个教室,好多男生争着要去干这件事。

玛利亚小姐请大家不要争,她会挑个最合适的人选。玛利亚走下讲台,仔细查看了每一个人,最后她说:"基恩,你去吧。"我说:"为什么是我?""因为我看得出你热情、灵活又具号召力,我相信你会把这事情做得很好。"

我热情?我灵活?我具有号召力?我竟然有这么多优点?玛利亚一眼就看出了我的优点!要知道,在此之前从未有人说过我哪怕一点的好处,甚至我自己也认为我是个被上帝抛弃的孩子。

我很快取回一盒粉笔,因为它就藏在教室后面的草丛里。当我正要把粉笔递给玛利亚小姐时,我发现我的手指甲缝里存满了污垢,衬衣袖口开了线,裤腿上溅满了泥点,更糟糕的是我五个脚趾全从破了口的鞋子里露出了头。我很不好意思,可玛利亚小姐一点也不在意这些,她接粉笔的时候给了我一个天使般的微笑。玛利亚就是上帝派来的天使。

从此,我决定做一个上进、体面的人,因为我知道天使正在注视着我。

如何对待家长会上的批评

许多家长开完家长会,总会把老师的意见如实告诉孩子,甚至把老师的话作为批评孩子的有力武器,而从不考虑孩子的自尊心。有一个孩子,最后考上了清华大学,可从幼儿园到高中,在家长会上老师对他的言论几乎都是批评和不屑。而深爱着孩子的母亲,每一次都能把这些批评变为鼓励告诉孩子。

第一次参加家长会,幼儿园的老师说:"你的儿子有多动症,在板凳上连3分钟都坐不了,你最好带他去医院看一看。"

回家的路上,儿子问她老师都说了些什么?她鼻子一酸,差点流下泪来。因为全班30位小朋友，唯有他表现最差，唯有对他，老师表现出不屑。然而，她还是告诉了她的儿子。

“老师表扬你了，说宝宝原来在板凳上坐不了1分钟，现在能坐3分钟了。其他孩子的妈妈都非常羡慕妈妈，因为全班只有宝宝进步了。”

那天晚上，她儿子破天荒地吃了两碗米饭，并且没让她喂。

儿子上小学了。家长会上，老师说：“这次数学考试，全班50名同学，你儿子排第49名。我们怀疑他智力上有些障碍，你最好能带他去医院查一查。”

回去的路上，她流下了泪。然而，当她回到家里，却对坐在桌前的儿子说：“老师对你充满信心。他说了，你并不是个笨孩子，只要能细心些，会超过你的同桌，这次你的同桌排在第21名。”

说这话时，她发现，儿子黯淡的眼神一下子充满了光，沮丧的面孔也一下子舒展开来。他甚至发现，儿子温顺得让她吃惊，好像长大了许多。第二天上学时，去得比平时都要早。

孩子上了初中，又一次开家长会。她坐在儿子的座位上，等着老师点他的名字，因为每次家长会，她儿子的名字总是在差生的行列中被点到。然而，这次却出乎她的预料，直到结束，都没听到。她有些不习惯。临别，她去问老师，老师告诉她：“按你儿子现在的成绩，考重点高中有点危险。”

她怀着惊喜的心情走出校门，此时她发现儿子在等她。路上她扶着儿子的肩膀，心里有一种说不出的甜蜜，她告诉儿子：“班主任对你非常满意，他说了，只要你努力，很有希望考上重点高中。”

高中毕业了，在第一批大学录取通知书下达的日子，学校打电话让她儿子到学校去一趟。她有种预感，儿子被清华录取了，因为在报考时，她对儿子说过，她相信他能考取这所学校。

她儿子从学校回来，把一封印有清华大学招生办公室的特快专递交到她的手里，突然转身跑到自己房间里大哭起来，边哭边说：“妈妈，我一直都知道我不是个聪明的孩子，是您……”

这时，她悲喜交加，再也按捺不住十几年来凝聚在心中的泪水，任它打在手中的信封上。

不可能每个孩子在每个阶段都表现得那么出色，在孩子的成长中，必须给予宽容。宽容会给教育者以特殊的魅力，这种魅力表现为：把微笑带给孩子，孩子心上便洒满人性的阳光；把自信投射给孩子，孩子便日日滋长着自信；把激励和赏识留在孩子的心田，孩子便时时体验着学习和生活的快乐。在如同阳光雨露一样无微不至的包容和鼓励中，孩子才能健康地成长。

宽恕伤害自己的人

宽恕伤害自己的人，是困难的，也是难得的。

在美国爱荷华大学已故副校长曾工作过的房子里保存着一封信的复印件，这封信让很多人读后潸然泪下，这封信所传递出的爱心与宽容，体现出人性的高贵，散发着震撼人心的力量。

那位副校长名叫安·柯莱瑞，她是爱荷华大学最有权威的女性之一。很久以前，她的父亲曾远涉重洋，到中国传教，她成了出生在中国上海的美国人，所以她对中国人有着特殊的感情。她终身未婚，对待中国留学生就像对待自己的孩子一样，无微不至地关照他们，爱护他们，每年的感恩节和圣诞节总是邀请中国学生到她家中做客。

不幸的事情发生在1991年11月1日，那是一起震惊世界的惨案。一位叫卢刚的中国留学生，在他刚获得爱荷华大学太空物理博士学位的时候，开枪射杀了三位教授和一位与他同时获得博士学位的中国留学生，这所学校的副校长安·柯莱瑞也倒在了血泊中。

1991年11月4日，爱荷华大学的28000名师生全体停课一天，为安·柯莱瑞举行了葬礼。安·柯莱瑞的好友德沃·保罗神甫在对她的一生进行回顾追思时说："假若今天是被我们的愤怒和仇恨笼罩的日子，安·柯莱瑞将是第一个责备我们的人。"

安的惨死并没有动摇亲人们的信仰，并没有让他们以仇恨来取代爱。他们深知，仇恨的心理最后伤害的是自己，仇恨的心理也不符合安生前所坚持的理想。爱和宽恕才是对亲人最好的纪念。这一天，安·柯莱瑞的三位兄弟举行了记者招待会，他们以她的名义捐出一笔资金，宣布成立安·柯莱瑞博士国际学生心理学奖学基金，用以促进外国学生的心智建康，减少人类悲剧的发生。他们向杀害亲人的凶手的家人伸出了温暖的双手。在他们无比悲痛之时，还以极大的爱心写了一封致卢刚家人的信。信的内容是这样：

我们经历了突发的剧痛，我们在姐姐一生中最光辉的时候失去了她。我们深以姐姐为荣，她有很大的影响力，受到每一个接触她的人的尊敬和热爱——她的亲友、邻居，她遍及各国学术界的同事和学生。

我们一家从很远的地方来到这里，不但和姐姐众多朋友一同承担悲痛，也一起分享着姐姐在世时留下的美好回忆。

当我们在悲痛和回忆中相聚一起的时候，也想到了你们一家人，并为你们祈祷。因为这个周末你们肯定是十分悲痛和震惊的。安最相信爱和宽恕。我们在你们悲痛时写这封信，为的是要分担你们的悲伤，也盼你们和我们一起祈祷彼此相爱。在这痛苦的时候，安是会希望我们大家的心都充满同情、宽容和爱的。我们知道，在此时，比我们更悲痛的，只有你们一家。请你们理解，我们愿和你们共同承受这悲伤。这样，我们就能从中一起得到安慰和支持。安也会这样希望的。

诚挚的安·柯莱瑞博士的兄弟们：弗兰克／麦克／保罗·柯莱瑞

学会爱你的敌人

人生在世，每天都将遇到很多人，男的女的、老的少的，也包括冤家和朋友。

但是，聪明者都只讲朋友，不把冤家当对头。因为他们知道，人生斗不了几十年。所以，在他们眼里，只有永远的利益，而没有永远的敌人。

有些人一旦陷身于争斗的漩涡，便不由自主地焦躁起来，一方面是为了面子，一方面是为了利益。因此，一得了“理”就非逼对方鸣金收兵或竖白旗投降不可。俗语叫“得理不饶人”，但实际上“得理不饶人”虽然能让你吹响胜利的号角，但这也拉开了下次争斗的序幕，因为战败的一方也有一种面子和利益之争，他当然也不会善罢甘休。俗话说，“冤冤相报何时了”，更何况冤家宜解不宜结。

也可以说，“得理不饶人”是你的权利，但远远不如“得理且饶人”更实用有益。何谓“得理且饶人”？就是放对方一条生路，让他有个台阶下，给他留点面子和立足之地，如果做到了这一点，就会对自己好处多多。可以说得理不饶人，让对方走投无路，不是智者所为，他容易激起对方“求生”的意志，而既然是“求生”，就有可能是“不择手段”，这对你自己将造成伤害。

好比走路遇上狼,狼为了求生,将会与你拼命,放他一条生路,他"逃"命要紧,便不会对你造成伤害。人也一样,对方"无理"自知理亏,你在"理"字已明之下,放他一条生路,他会心存感激,来日自当图报。即便他心中仍有不悦,他也不大可能再度与你为敌。

其实,饶人也是一种乐趣,一种快乐。实践证明一生畅快的人才能少得病又长寿。与人为敌,少不了处处设防,这样就难得心情畅快,当然对你的身体也有影响。

曾看过这么一则寓言故事:一只狮子和一只狼同时发现一只鹿,于是商量共同去追捕那只鹿。它们合作良好,当野狼把鹿扑倒在地,狮便上前一口把鹿咬死。但这时狮子起了贪念,不想和狼平分秋色,于是想把野狼也咬死,可是野狼奋力抵抗,后来狼虽然被狮子咬死,但狮子也受了很重的伤,无法再享受美味。

大自然的弱肉强食是讲暂时的力量,而不讲日后长久利益的,这是为了生存上的需要;但人类社会和动物不同,人类社会远比动物世界复杂,人和人之间、团体和团体之间的依存关系相当密切,任何"你死我活"或"你活我死"对自己都是不利的。像战争,哪个战争不是伤人又伤己(有时甚至是自取灭亡)?俗话说"伤敌一万自损三千"。像派系斗争,哪一派不是元气大伤?因此单赢并不是人类社会的生存之道,所以最近也有很多人倡导"你活我也活"的"双赢"战术。

有一部电影讲述了这样一个故事,美国西部拓荒时期,一位牧场的主人因为全家大小都被土匪枪杀,因而变卖牧场,天涯寻仇。家被毁了,这种仇是任何人都想报的。可是当这位牧场主花了十几年的时间找到凶手时,才发现那位凶手已老病缠身,躺在床上毫无抵抗能力,要求牧场主给他一枪。牧场主人把枪举起,又突然放下。结果是,牧场主人沮丧地走出破烂的小屋,在夕阳照耀的大草原中沉思,他喃喃自语:"我放弃一切,虚度寒暑,如今我也老了,报仇,它到底有什么意义呢?"电影虽然是人编的,但故事在现实生活中却是可能发生的,因此它一样可以使人们深刻反思。

首先来看"报仇"的投资。第一,精神的投资——每天计划"报仇"这件事,要花费很多精神,想到切齿处,情绪心神的剧烈波动,更有可能影响到身体的健康。第二,财力的投资——有人为了报仇而放弃一辈子的事业,大有"玉石俱焚"的味道。就算不放下一辈子的事业,也要花费财力。第三,时间的投资——有些仇不是说报就能报,三年五年,八年十年,甚至二十年都没有报成。就算报了吧，自己宝贵的时间也搭进去了，自己也年华老去了。想一下得不偿失。

所以，作为一个有智慧的人首先应该知道轻重，知道什么东西对他有意义、有价值，“报仇”虽然可消“心头之恨”，但“心头之恨”消了，同时有可能也失去了自己，所以君子有仇不报，学会爱你的敌人才是智者所为。“爱你的敌人”，这是件很难的事，因为绝大部分人看到“敌人”都会有灭之而后快的冲动，可见要爱敌人并不是一件容易的事。

正因为难，所以人的成就才有高有下、有大有小。正如齐桓公与唐太宗李世民之所以能够成就一世英名，关键是他们能够尽释前嫌大胆地将敌人化为朋友的缘故。而其他许多人却只是整日耿耿于怀，成了庸碌小人。也就是说，能当众拥抱敌人的人，他的成就往往比仇视敌人的人大。

能爱自己敌人的人是站在主动的位置上，是“制人而不受制于人”，你采取主动，使对方搞不清你对他的态度，也迷惑了第三者，搞不清楚你和对方到底是敌是友，甚至还会误认为你已“化敌为友”。你的主动，能使对方处于“接招”应战的被动之位，如果对方不能“爱”你，那么他将得到一个“没有器量”之类的评语。别人一经比较，你们的分量立即有轻有重。

然而，最为重要的是，爱你的敌人这个行为一旦做了出来，久而久之成为习惯，就会使你在与人相处时有更大的市场。朱元璋说过：“大度能容，容天下难容之事；慈颜常笑，笑世上可笑之人。”相信，凡干大事业的没有不能容人的。

当然，如果实在避免不掉，树敌自然无妨，也不必害怕，关键是怎样找到办法，化敌为友，那才是智者所为。要知道人生在世毕竟和气才能生财，因为树敌容易，化敌却难，如果一个人能把敌人转化成朋友，那他的能力不是更让人佩服吗？如果能获取敌方的支持，又何愁事业无成？广交天下友，方可把自己塑造成一个大有作为的人。

处小人于远近之间

君子就是那些胸怀坦荡、不屑于钩心斗角和紧盯蝇头小利之人。而小人恰恰相反，他们是琢磨人的专家。

唐朝天宝年间，爆发安史之乱。郭子仪率兵平定天下，立了大功，但他并不居功自傲，为防小人嫉妒，他格外小心。一次，朝中有一个地位比他低的官吏要来拜访，郭子仪事先做了周密安排，因家中侍女成群，他让所有的侍女到时候都避开，不要露面。郭子仪的夫人对此举感到不理解，问丈夫为什么这么做？郭子仪告诉夫人说，这个官吏是个十足的小人，身高不足五尺，相貌奇丑，很忌讳别人说他丑。郭子仪担心家人见了他会发笑，因而让所有家人都躲起来。郭子仪对这个官僚太了解了，在与他打交道时非常小心谨慎。后来，这个小人当了宰相，极尽报复之能事，把所有以前得罪过他的人统统除掉，却唯独对郭子仪比较尊重，没有动他一根毫毛。这件事充分反映了郭子仪对待小人的办法既周密又老练。

小人之刁钻，几乎无孔不入。有些小人竟也勇敢得很，不惜牺牲自己的生命、亲人的生命，而与你周旋到底，正所谓"舍命陪君子"。这时候，就算你有理，也最好避一避此等不要命的小人。小人固然厉害，但我们并不怕他，避开小人是因为我们不值得把太多的精力浪费在一些没有价值的争斗上。一旦把握不好自己的行为界限，得罪小人，他就会想方设法来琢磨你，破坏你的正事，分散你的精力，使你不能安心工作、学习和生活。

小人不遗余力地陷害别人，就是避免别人胜过自己，谋求心理上的平衡。掌握了小人的这种心理需求，我们不妨投其所好，让小人的心里舒服一些，他们就会把眼光从我们身上收回，转向别处了。

学会爱你的对手

你的一些对手，从你的麻烦中得到的快乐，极有可能比在从你的胜利中得到的快乐大得多。

"爱"是友好的表示，爱亲人、爱朋友、爱恋人，这都是内心情感的需要，是人的本能，而"爱你的对手"却是令人费解的事……

体育竞技场是最能体现这种特殊的情感的地方。随着比赛哨声的吹响，拳击台上走来两位选手，他们两位可以称得上势均力敌。走在前面的那位叫阿森，笑容满面，礼貌地向全场观众挥手致意；后面那位叫约翰，显然他还没有消除对阿森的敌意，因为上一场比赛阿森让他出尽了丑。约翰一上场，就虎视眈眈地瞪着阿森，对全场热情的观众不理不睬，甚至连比赛的礼仪——双方握手拥抱也粗暴地拒绝，就那样瞪着血红的眼睛，看着阿森,单等裁判的哨声。

对于约翰的无礼,阿森显得比较宽容,耸耸肩,一笑了之。

比赛一开始,约翰就以"夺命招"企图先声夺人,制对手于死地。不仅阿森心里明白,连全场观众也知道约翰这是在报仇,是在发泄,而不是在进行高质量、高水平的比赛。于是所有的目光都聚集在阿森身上,所有人都在为阿森加油。阿森从容不迫地应对。最后,比赛以阿森胜利而告终,这正是众望所归的结果。如果我们说这场比赛的胜负取决于两人的态度和心态,似乎有些武断。但不可否认,在这场势均力敌的比赛中,良好的心态绝对是阿森取胜的一个重要因素。

无论如何,爱你的对手并不吃亏。

不要对别人抱有怨恨的心理

为你的仇敌怒火中烧,烧伤的是你自己。

说起仇敌,很多人都磨刀霍霍,恨之入骨。对手使你不安,敌人使你愤恨,你总想能够给对手以报复而发泄不满。

可是,报复给自己造成的伤害比伤到仇人的要多。

对仇人的报复心理使你内心维持着一腔愤怒。医学上认为,说愤怒的话,长期性的高血压和心脏病就会如影随来,伴你度过痛苦的一生。怒气充满心间,你的内心也便缺乏对理想的执著与追求,事业成功将会遥遥无期。

"既生瑜,何生亮?"看过《三国演义》的都知道,雄姿英发的周瑜为他的对手孔明所气,大叫一声,吐血而死,而留下一个《诸葛亮吊孝》的假哭戏。仇视何益?愤恨何益?只是徒伤自己而令敌人称快而已。

"为你的仇敌而怒火中烧,烧伤的是你自己"。

因此,《圣经》里耶稣鼓励人们"爱你的仇人","爱你们的仇敌,善待恨你们的人;诅咒你的,要为他祝福;凌辱你的,要为他祷告。"

一个虔诚的基督教徒因为不愤恨而获得了人间少有的内心平静与恬淡。他曾为他的信仰而争辩:"别人强加于我的不公都是想让我愤怒,我为什么要破坏主给我的平静?所以,主告诉我,平淡地对待仇恨和不公,心灵会升上天堂。"的确,从他的脸上,时刻都能够看到一脸的安然和平静,光洁白皙、美好和纯正。少用仇视的态度对待对方，能够缓和你与对手的关系，从而建立互相尊重的友谊。我曾试着按照他的劝言，原谅我的“仇人”，最终取得了相互的谅解和尊重。

我有一个朋友，他是能在肉丁里挑刺的人，从不严于律己，宽以待人。每个人都好像不如他，与他共事的人似乎都曾受过他的指责和打击，所以与他共住一室，经历了他的几番“严责”后总有一种怨恨的感觉，心里也曾有一种去报复他的想法。说实在的，从他身上挑出缺点易如反掌，但是在张嘴要反击时想起了涉世老手的劝言，何不借机一试。

我约他喝酒。几杯下肚后，我衷心地向他表示感谢：“你给我的指责，我曾经是十分愤怒的，因为你的指责总是夸大了事实，我也曾为此想报复你，但静静一分析，你之所以指责我，说明我肯定有着这方面的缺陷和不足，你使我看到了自身需要改进的一面。我自己也真正感受到，在我们相处的这一年里，我确实长进了不少。我觉得不应该恨你，而应该感谢与你的共处。”

他当然有些不好意思了，而我由衷的话语也确实表达了我逐渐会原谅他的意思，于是，我们重新建立起互相尊重的友谊。

美国竞选，对手之间相互攻击、评论，甚至败坏对手的名声的事屡见不鲜，但被攻击者仍可在对手所组内阁中担任重要职务，这对我们的处世不能不说是一种启示。能够与你成为对手的人，必定有着与你分庭抗礼的能力和实力，你能原谅你的仇人，将你的仇人招至麾下，为你效力，不是更利于实现你的目标吗？

被林肯委任而居于高位的人，很多都曾是批评甚至羞辱过他的政治对手，于是林肯得以统一了南北方。

可是，如果你用报复和仇视对待对手，会招致一个怎样的局面呢？你将使你的敌手更坚定地站在你的对立面，去阻挠、破坏你的行动，破坏你创造的一切成果。而你，也会因为心中充斥报复的愤怒无暇他顾，那么，你的理想和目标又如何能实现呢？

“如果有可能的话，不应该对任何人有怨恨的心理。”德国哲学家叔本华如是说。

为了保持一个健康的心灵和体魄，为了实现你的成功和抱负，学会原谅你的仇人吧！

同情是一种美德

我们需要“同情”，同时也需要付出同情。因为如果我们付出同情，或许得到的将是他人一辈子的感激回报。在这个“人际关系”的时代，这是何其宝贵的一笔财富。

当今节假日的外出旅游开始成为风尚，“褪去工作的疲倦”成为每一位“工作者”的心声。因为五天来，人们形神俱伤，而且“神”伤尤甚。在五天中，我们努力工作，我们装扮得衣冠楚楚，在人群中挖空心思地图名图利，为此，我们摆出一张微笑的面孔，然而，内心深处正在一点点地干涸。于是，某一刻我们才注意到自己太狂暴了。人生场上的搏杀，把人与人之间的距离拉得太大太大。从一开始，我们便掉进了一个恶性的“循环”中：理性的工作，忘记情感的付出。当感受到他人的“冷冰”时，我们又忘记自己的“同样”，因而“狂暴”，因而更加悲苦地工作。

是的，我们需要同情，整个世界都需要同情。同情就是一种神奇的感觉，在中和酸性的狂暴的感情上，有很大的化学价值。当工作、学习不再成为痛苦和疲倦的事时，我们便懂得了同情的真谛。

同情贯穿于人类发展的整个历史中。当一群猿猴吱吱呀呀地站了起来，开始用他们的双手，进行艰苦异常的劳动时，人类的祖先便开始了与大自然的长久抗衡。然而，在大自然面前，个体显得那么的微不足道。当我们回溯历史，看到祖先“群居”，人与人之间和睦相处时，我们多么感叹情感交流的重要。普遍的“同情”，给予人类祖先以力量。在那漫长的历史进程中，“同情”给了人类的生存与发展多么大的契机。

当人类开始产生，社会开始进步，人际关系便逐步地在扩展其自身在社会生活中的地位。在社会历史长河中，我们遭受了太多的惊涛骇浪：每一场自然灾害都让我们失去自己的同类，留下生者那长久的哀思与痛苦；每一场战争都让我们失去太多的兄弟姐妹，“集团式”的对抗带来的往往是血流成河；每一次的社会变革，无论前进还是后退，我们的大众都如一叶孤舟在风雨中飘摇。然而，我们都坚强地挺过来了，我们没有被“击倒”，我们依旧站立在自己的土地之上，只因为我们是“我们”，而不是“我”。我们同舟共济、同病相怜。在暴风雨中，我们用彼此的心灵温暖着彼此。心与心的碰撞，心与心的抚慰，我们因彼此的同情而感到有坚强的后盾。在困苦中，我们找到奋进的动力。

然而，有一天，当我们已经习惯了对物质的追求时，我们忽然发现那张日趋庞大、日趋重要的“人际关系网”变得那样的冰冷而虚伪。于是我们开始“怀旧”。经济学家们在研究经济时，不得不将“人们的满意程度”也应作为指标之一；管理学者不得不将“人”的因素放在重要地位。日本式的企业经营方式在全世界引起广泛的重视，其“人情式”的经营管理营造的是一个充满情感温馨的家庭、朋友式环境，用“同情”成功地灌溉了干涸的心灵，工作不再成为痛苦的“疲倦”，而成为积极进取的人生的“需要”。

然而，正如马斯洛所假定的，人类必然向最高层次的需要迈进，而那正是“自我实现的需要”。日本已经发展到了这样的阶段：年轻人再也不愿一生呆在一家企业内过活，他们的追求不再“单纯”，“自我”以突出的地位主宰了他们的行动。人们更加关心的只是“自我”，就连“虚伪”的同情也开始在人与人之间丧失。“日本式”的经营开始在日本分崩离析。这并非只是他们的遭遇，世界普遍存在的情感危机，给人类带来多少难解的问题：自杀、犯罪、吸毒、忧郁等等。所以当一群非理性的“智者”向理性提出质疑与挑战时，便在人类社会里引起了极大的反响。

我们不排斥理性，然而，我们更不希望理性对情感的排斥。我们之所以不是“机器”，就是因为我们有了情感。因为有了情感，才有了喜、怒、哀、乐。我们并不指望人生“消除怒气与哀怨，因为人生难免磕磕碰碰”。也正因此，我们呼唤“同情”。我们需要同情，我们也要付出同情。

人们已花太多的时间去改造外部世界，却也因此耗尽了自身的能量。理性的发达以情感的牺牲作为代价，同情因而变得弥足珍贵。那是一种理解的爱、抚慰的爱、关怀的爱。在匆忙的工作劳累中，犹如一泓清泉，滋润着彼此干涸的心灵，平息了因生活工作节奏带来的情感交流缺乏与人心底的本能渴望的冲突。

是的，我们似乎太重视“同情”了，已经有点近乎隆重。我们似乎一直都在谈一个并不“实际”的话题。人们不禁要问：除了同情，我们还有什么？事业？人生？是的，我们一直都致力于对 " 同情 " 的付出，却忽视了“同情”对成功的意义。

在这个越来越注重“人际关系”的时代，人际关系却日益扭曲，所以当卡耐基的人际关系学横空出世时，便立刻征服了那些饥渴的人们。他们在那些旧有的人际关系下已挣扎了太久，他们希望改变，但他们却害怕情感与心灵的交流。“防人之心”在他们心中已形成太强的力量，所以他们无法结成统一的阵线，于是各自对自己说：“我还能忍受。”而卡耐基人际关系学的出现，正给了他们“同情”。大量的事例，让他们感到世间有多少如同自己一样的人，他们感到卡耐基是可爱的，道出了自己内心深处的呼喊。

而此刻，我们也同样鼓起了迈向真诚、付出同情的勇气，因为从卡耐基人际关系学中，我们体会到的不仅仅是一种成功的领导艺术，他向我们展示的，更是一幅成功人生的画卷。所以，我们开始要求重温那已经生疏了的“同情”。

当我们对一位愤怒者、抑或是位失落者说：“我一点也不怪你有这样的感觉。如果我是你，毫无疑问的，我的想法也会和你一样。”我们满怀真诚，因而平息了一个人的怒火，阻止了一场即将爆发的争执，因而帮一个陷入沮丧的人找到重新站起的动力。因为，我们的言语虽是简单同情，本身却使充满怒火的人把你当成了知己，因而不再狂暴；让充满沮丧的人觉得这个世界还有人同他一样，渴望重新振作的他，便找到了支持者，因而恢复了活力。

多为他人着想

仁厚是一种做人的修养，为他人着想更是做人的一种境界。换位思考，收获的不仅仅是感激，更是心与心之间距离的靠近。

在世人看来，做了好事不声张，行了善举不留名、“自家好处掩藏几分”，都是品质高尚、有道德修养的表现，这一点毋庸置疑。但见到别人做了不好的事，却要替他掩藏几分，这似乎就与人们惯常的处世原则相抵触了。

南宋有一个叫沈道虔的人，家有菜园，种有萝卜。这天，沈道虔从外面回家，发现有一个人正在偷他家的萝卜，他赶紧回避开，等那人偷够了走后他才出来。又有一次，有人拔他屋后的竹笋，沈道虔便让人去对拔竹笋的人说：“这笋留着，可以长成竹林。你不用拔它，我会送你更好的。”后来，他让人买了大笋送给那人，那人羞惭地不肯接受。沈道虔就让人把大笋直接送到了那人家里。沈道虔家贫,常带着家中小孩去田里拾麦穗。偶尔遇上其他拾麦穗的人相互争抢麦穗,他就把自己拾到的全部给争抢的人,争抢的人非常惭愧。

曹操的曾祖父曹节素以仁厚著称乡里。一次,邻居家的猪跑丢了,而此猪与曹节家里的猪长得一样。邻居就找到曹家,说那是他家的猪。曹节也不与他争,就把猪给了邻居。后来邻居家的猪找到了,知道搞错了,就把曹节家的猪送回来了,连连道歉,曹节也只笑笑,并不责怪邻居。

这两则故事里的古人,都为“别人不好处”掩藏了几分。沈道虔“纵容”小偷偷他家萝卜,曹节不点破邻居的错误,表面看来,无是无非,甚至显得窝囊懦弱,但实际上,却显出了他们为人的宽厚。偷萝卜、拔笋、争麦穗,是不好的行为,但也是人穷家贫的无奈,何必深责?替他掩藏几分,反倒能使他自惭改过。邻居错认猪,尽管有自私一面,但失猪对一般人家来说毕竟也是大损失,情急之下错认,也可以理解。两位古人一心为他人着想,宁可自己吃亏,正是胸襟宽阔、与人为善的体现。

需要明确的是,掩藏别人不好处,是掩藏“别人”——我们的邻居、同事、朋友的一般过错,是“人民内部矛盾”,而绝不是对那些贪污腐败分子、刑事犯罪分子、黑社会恶势力姑息放纵。对这一类坏人坏事,我们不但不能掩藏——掩藏了那是包庇犯罪,还要与之坚决斗争。这是不能混为一谈的。

对同志的一般“不好的方面”不采取粗鲁方法来公开揭穿打击,而是厚道待人,是要让其自己惭愧反省,否则,就有可能伤害同志的自尊心,甚至使事情恶化。《北京青年报》曾刊登过的一篇文章,就很能说明问题。

10年前,文章作者还在一所大学里。临毕业时,班里发生了一件事:一位同学放在大衣兜里的500元钱不翼而飞。这可是关系到优秀班级、毕业分配的大事。作者是班长,便决定自己查清“案子”,揪出小偷。班里的重点嫌疑人查了个遍,没有头绪,怀疑面一步步扩大,人人自危……但毫无结果,事情最后不了了之,全班同学都带着对他人的猜忌离开了学校。只是在后来,丢钱人写给作者的一封信才使真相大白:原来他的钱并没有丢,他当时没找到,就报了案,后来虽找到了,但案子已查得惊天动地,他不敢站出来说没丢。作者写道:“我万万没想到是这种情况,10年过去了,我总在想,我们错在哪里呢?”是呀,错在哪里呢?我们甚至还没有见到“别人不好的方面”,只是无根据地怀疑,就摆出了一副“坚决斗争”的姿态,谁也不放过,这样做,不是说明我们缺乏对他人的最基本的信任,缺乏仁爱浑厚与人为善的宽大胸怀吗?

还有一个生活小品,幽默而亲切,让我们在欣赏的同时,品味做人的美好:

在一家餐馆里,一位老太太买了一碗汤,在餐桌前坐下,突然想起忘了取面包。她取了面包,重又返回餐桌,却发现自己的座位上坐了一个黑人,正在喝自己那碗汤。“他无权喝我的汤。”老太太寻思,“可是,他或许太穷了。算了吧。不过,不能让他一个人把汤全喝了。”于是,老太太拿了汤匙,与黑人面对面坐下,不声不响地开始喝汤。

就这样,一碗汤被两个人共同喝着,两个人都默默无语。

然后,黑人突然站起身,端来一盘面条,放在老太太面前,面条里插着两把叉子。

两个人继续吃着。吃完了,各自起身,准备离去。

“再见!”老太太说。

“再见!”黑人说。他显得很愉快,因为他做了件好事。

黑人走后,老太太才发现旁边的一张餐桌上,摆着一碗汤,一碗显然被人忘喝了的汤……

第七章

心存感恩 慷慨助人

感恩是一个人与生俱来的本性。感恩不仅仅是为了报恩，因为有些恩泽是我们无法回报的，有些恩情更不是等量回报就能一笔还清的，只有用纯真的心灵去感动、去铭记、去帮助别人，才能真正对得起给你恩惠的人。

成人之美

正如《论语·颜渊》篇中说的："君子成人之美，不成人之恶，小人反是。"成人之美，是一种高尚的行为，是助人为乐、利人利众的仁义表现。

社会是一个大群体，个人是群体中的一分子。彼此互相帮助，团结合作，社会才能进步。

仁者爱人，宽则得众。人是有感情的动物，没有感情便没有人性的出发点。

古代有很多成人之美的义举。《水浒传》里的武松，不平于蒋门神霸占施恩的快活林酒店，行侠仗义，挺身而出"醉打蒋门神"，夺回快活林。

《西厢记》里的红娘，同情并促成张生与崔莺莺的爱恋，事发被拷，仍仗义执言，使有情人终成眷属。

电影《升官记》里的徐九经，秉公断案，不媚权贵，终使倩娘嫁得意中人。自己尽管丢了乌纱帽，但他心安理得，问心无愧，在成全了别人的同时也成全了自己的名节，受到人们的敬重。

成人之美的事，在当今的社会到处都有。

在当自己的幸福是以别人的痛苦为前提时，自愿地放弃自己的幸福，这就是成为之美的高尚精神。

主动支援一时经济拮据的友人，使其免除后顾之忧；尽力帮助友人掌握知识，使其早日榜上有名等。总而言之，凡是好事情、好愿望，你伸出热情之手，予以大力帮助，使之功成事就，都可以说是"成人之美"的"君子"行为，必然是得人心、受欢迎的。

助人为乐，济人危难，这种成人之美是人最美好的思想感情。在这个相互依存的社会，人与人之间必须互相关心、互相爱护、互相帮助。

每个人都有能力帮助别人。帮助别人成功，是追求个人成功最保险的方式。一个能够为别人付出时间和心力的人，才是真正富足的人。

如果一个人取得的成就里有你的一份功劳，你能够说："是我让他有今天的。"这将是你最值得骄傲的事情。

感谢生活的馈赠

在我们身边有很多这样的人,他们这看不惯,那不如意,怨气冲天,牢骚满腹,总觉得别人欠他的,社会欠他的,从来感觉不到别人和社会为他所做的一切。这种人心里只会有抱怨,不会有感恩。哲人说,世界上最大的悲剧和不幸就是一个人大言不惭地说"没人给我任何东西"。

两个行走在沙漠的旅人,在他们口渴难忍的时候,碰见一个牵骆驼的老人,老人给了他们每人半碗水。

两个人面对同样的半碗水,一个抱怨水太少,不足以消解他的饥渴,抱怨之下竟将半碗水泼掉了;另一个也知道这半碗水不能完全解除饥渴,但他却拥有一种发自心底的感谢,并且怀着这份谢恩的心情喝下了这半碗水。

结果,前者因为拒绝这半碗水渴死在沙漠之中,后者因为喝了这半碗水,终于走出了沙漠。对生活怀有一颗感恩之心的人,即使遇上再大的灾难,也能熬过去。感恩者遇上祸,祸也能变成福。

我们生活在科学技术日新月异发展的今天,毫无疑问,只要我们有钱,任何有关我们的衣食住行等物质的东西我们都可以买到并把它们搬运回家,尽情地享用。

但也许正是因为如此,人们对这些东西的感恩之情才变得日益淡薄,认为获得它们是理所当然的,因而也就不爱惜它们。

正如德国大诗人海涅所说,太容易得到的东西便不是珍贵的东西。试想:如果我们生活中的各种东西全部消失,我们还能生存吗?

那种对一切东西都怀有感恩之心的人是有人性的人。请不要对自己目前的境遇抱怨,不要对自己所拥有的感到不满意。虽然人们总是认为得不到的就是最好的,得到的往往又不肯去珍惜。可是如果哪一天,你手中握住的东西像沙子一样被你不经意地从指缝间滑落,当你懂得珍惜的时候,却已失去。这时,后悔也无济于事了。

不重视现在的人,就不会有可以期待的未来。

感谢生活的馈赠吧!若你没得到什么,那是因为你本没有付出什么;若你觉得自己所得太少,那是因为你没有付出更多!

尽最大可能帮助别人

希望为人所关注，乃是人类最大的需要。因为我们自婴儿时期起就发现了一个事实：我们的需要都是在有人注意的情况下获得满足的。

因为“有人注意”就形成了“将获得满足”的符号，所以小孩子只要看见母亲或是听到母亲的声音便停止啼哭，因为他此刻获得了安全感。每个人都希望得到别人的关心。

当我们知道四周的人对自己十分关心时，就感到安全了。

我们自己渴望得到别人的帮助，应当想到别人也有同样的需要。我们要随时关心别人，帮助别人去满足他的需要。

你关心别人，你在他生活中的重要性将因此增加，自然地，别人也会关心你。

在法国有个孤独的老人，无儿无女，身体也不好，他决定搬到养老院，于是准备卖掉他漂亮的住宅。这座房子很有名，所以大家都来买。住宅的底价是 8 万法郎，但人们很快就将它炒到 10 万法郎，而且价钱还在不断上涨。老人很忧郁。是的，要不是身体不行，他是不会卖掉这栋他度过了大半生的住宅的。

有个小伙子来到老人面前，弯下腰低声说：“先生，我也想买这栋住宅，可我只有 1 万法郎。”“但是它的底价就是 8 万法郎，”老人淡淡地说，“而且现在它已经升到 10 万法郎。”小伙子并不灰心，他诚恳地说：“如果您把房子卖给我，我保证会让您生活在这里，和我一起喝茶、读报、散步。相信我，我会用心来照顾您！”

老人站起来，叫人们安静下来，“朋友们，这房子是他的了。”小伙子出人意料地赢得了胜利。

这个小伙子为什么用 1 万法郎就得到了那所住宅？原因很简单，因为他表示，他将用心照顾一个孤独的老人。

我们知道，孤独的老人需要的就是别人的照顾和关心。

虽然有人愿意出 10 万法郎购买他的房子，但老人最终在金钱和爱心之间选择了后者。因此我们也可以肯定地说：那些真心关心别人的人，总能得到别人的回报。

伸出你的援助之手

美国加州有一种红杉树，它的高度大约是 90 米，相当于 30 层楼那么高。

一般来说，越高大的植物它的根理应扎得越深。红杉的根却只是浅浅地浮在地面。

事实上，根扎得不够深的高大植物是非常脆弱的，只要一阵大风就能将它连根拔起，可是红杉又为何能长得如此高大且屹立不倒呢？

这里自然有红杉的生存原理。红杉一大片在一起生长，从来都是个整体。自然界中再大的飓风，也无法撼动几千株根部紧密联结，占地超过上千公顷的红杉林。除非飓风强到足以将整块地掀起，否则再也没有任何力量可以动摇红杉分毫。

范仲淹在睢阳做学官时，经常以自己的薪俸资助穷苦的读书人。曾有个孙秀才，特意来请求他接见，范仲淹很关心他，见过以后送给他十千铜钱。

第二年，这位孙秀才又来了，范仲淹又赠给了十千铜钱。

范仲淹问他："你这样辛苦地来回跑路，究竟为什么？"孙秀才悲伤地回答："因为我没有办法养活老母亲，只好这样奔波，来求得一些帮助。倘若我每天能有一百铜钱的收入，就足够维持生活了。"

范仲淹说："我看你不是一个专门向人乞讨混日子的人。这样辛苦奔波能得到多少资助？我替你补一个学职，每月有三千的薪俸可供衣食之需。但有这安排以后，你能安心在学业上下工夫吗？"

孙秀才特别高兴，一再拜谢。于是，范仲淹安排他研习《春秋》。孙秀才果然十分刻苦，日夜抓紧学习，而且行为谨慎，严于约束自己，范仲淹很喜欢这个人。

过了一年，范仲淹的职务调动，孙秀才也结束学业回去了。

10 年以后，人们都说在泰山之下有位教授《春秋》的学者孙明复先生，学问和修养都很好，受到人们的赞誉。朝廷把这位先生请到太学来，原来就是当年贫穷的孙秀才。

范仲淹颇有感触地说："贫穷，对于人来说，真是个大的困难。如果衣食没保证,到处奔波,求帮助,一直到老,即使是孙明复那样的人才,也会被埋没的。”

对于一个身陷绝境的穷人来说,一块铜板的帮助可能会使他握着这枚铜板干一番事业,开创自己富有的天下。

对于一个迷途难返的浪子来说,一次促膝交心的帮助可能会使他重建做人的尊严和自信,或许在他悬崖勒马之后闯出自己美好的天地。

没有比帮助这一善举更能体现你宽广的胸怀和慷慨的气度了。

不要小看对失意者随口说一句温馨的话语,对将倒者从旁轻轻伸出扶助的双手,对无望者赋予一个真挚的信任,也许自己什么都没失去,而对一个需要帮助的人来说,也许就是醒悟、支持和宽慰。

雪中送炭好于锦上添花

要想获取,必先施予。明明是在求人,而给人的感觉却是自己在施恩;本来无大功,只是顺水推舟,却可两边落好,大落人情,这是成功人士的为人技巧。因为,人际关系存在着一个“成本”,使用方法和时机得当,则能降低成本甚至不用投入也可获得人心。比如,捐助、义卖、让利等公益活动,表面上资助非盈利甚至“倒贴”的社会性公益事业,“无私地”奉献出爱心,实际上所起的广告效应,会远远大于同等成本的“硬性”广告。并且,"硬"广告只是让人知道,而“软”广告却在出名的同时获得好感与支持。

这里的关键,还是要“雪中送炭”,而不是“锦上添花”。

一个有钱人对爱因斯坦抱怨:“谁都不喜欢我,他们说我太自私小气。可是我的遗嘱上都已经写好,要把我所有的财产捐给一家慈善机构了。”

爱因斯坦说:“也许有个牛和猪的故事可以给你一点启示。有一头猪到牛那里,对牛抱怨:‘别人总是说你很友善,这点倒也没错,因为你给他们牛奶。可是他们从我身上带走的东西更多啊,他们得到的香肠、火腿、肉不都是我的吗? 连我的猪蹄子都拿去炖了! 可是,谁都不喜欢我,对人来说,我就是一只让人讨厌的猪!怎么会这样呢?’牛想了一会儿说:‘可能是因为我在活的时候就给他们了。’”

帮助别人的人会获得帮助

生命像回声，你送出什么它就收回什么，你播种什么就收获什么，你给予什么就得到什么。你想要别人是你的朋友，首先你得是别人的朋友。心要靠心来交换，感情只有用感情来交换。

把别人的忧虑当成自己的忧虑的人，别人也会忧虑着他的忧虑；把别人的快乐当成自己的快乐的人，别人也会快乐着他的快乐。用利益帮助别人的人，别人也会用利益帮助他；用道德对待别人的人，别人也会用道德回报他。这就是人性，这就是人情。

爱护别人的人，别人会爱护他；尊敬别人的人，别人会尊敬他。爱护别人就是爱护自己，帮助别人就是帮助自己，成就别人就是成就自己。相反，伤害别人就是伤害自己，诽谤别人就是诽谤自己，苛求别人就是苛求自己。做大事、立大功、建大业的人，必然是有大德的人。

得到大多数人帮助的人，成功就大；得到少数人帮助的人，成功就小；得不到别人帮助的人，只有失败，没有成功。然而，如果希望获得别人的帮助，首先得要帮助别人。

一年冬天，年轻的哈默随同伴来到美国南加州一个名叫沃尔逊的小镇，在那里，他认识了善良的镇长杰克逊。正是这位镇长，对哈默后来的成功起了很大的作用。

一天，天下着小雨，镇长门前花圃旁边的小路成了一片泥淖。于是行人就从花圃里穿过，弄得花圃一片狼藉。哈默不禁替镇长痛惜，于是不顾寒雨淋身，独自站在雨中看护花圃，让行人从泥淖中穿行。

这时出去半天的镇长满面微笑地从外面挑回一担煤渣，从容地把它铺在泥淖里，结果，再也没有人从花圃里穿过了。镇长意味深长地对哈默说："你看，给人方便，就是给自己方便。我们这样做有什么不好？"

每个人的心都是一个花圃，每个人的人生之旅就好比花圃旁边的小路，而生活的天空不仅有风和日丽，也有风霜雪雨。那些在雨中前行的人们如果能有一条可以顺利通过的路，谁还愿意去践踏美丽的花圃，伤害善良的心灵呢？

福乐是每个人都想享有的，如果你处处只想到自己的利益，就会众叛亲离；若过于孤立，那么成功的缘分就会渐渐疏离；不该得的财富你处心积虑想拥有它，到头来你会失去更多。

在公司里，如果领导能真正关心部属，关心工作伙伴，甚至关心客户，同时关心到他们的家人，让属下感觉到，这里是一个非常重视家庭生活的组织，在这里工作是希望每个人更好，甚至是他的家人都能够过得更好。用这样的理念来关心这个社会，关心周围的每一个人，这样做的结果，会比仅仅追求财富上的成功或是个人的成就感更有意义。

帮助别人的人机会更多

任何事都有一定的收支。你付出了多少，才会收获多少，付出时不一定痛苦，收获时却一定快乐。

赵秀才与钱商人死后一起来到地狱，阎王看过功德簿后对他们说："你们两人生前没有做什么坏事，我特准许你们来生投胎为人。但现在只有两种做人的方式让你们选择，一种是做付出的人，一种是做索取的人。也就是说，一个人需要过付出、给予的人生，一个人需要过索取、接受的人生。

阎王说完，便让赵秀才和钱商人慎重考虑后再做选择。

赵秀才心想，生前我的日子过得并不富裕，有时还填不饱肚子，现在准许来生过索取、接受的生活，也就是吃、穿都是现成的，我只需坐享其成就行了，什么都不用干，那样真是太舒服了。想到这里，他马上说道："我要做索取的人。"

钱商人看到赵秀才选择了来生过索取、接受的人生，自己只有剩下那条路可供选择了，不过他想到自己前世经商赚了一点钱，来生就把它们都施舍出去吧。于是，他心甘情愿地选择了过付出、给予的生活，做一个付出的人。

阎王看他们选择完了，当下判定两人来生的命运："赵秀才甘愿过索取、接受的人生，下辈子做乞丐，整天向人索取饭食，接受别人的施舍。钱商人甘愿过付出、给予的人生，下辈子做富豪，行善布施，帮助别人。"一个人在选择人生时，其实也在选择态度。态度决定一切。如果懂得付出与给予，那么，他人生的结局总不会太坏。

付出、给予，这是我们立身成人之本。我们懂得付出，就永远有可以付出的资本；我们贪图索取，就永远有必须索取的企求。付出越多，收获越大；而索取越多，收获则越小。

帮助别人要有勇气

我们容易发现这样的事实：每一个事业有成的人，在成功的路上，都曾经受到别人许多帮助。因此，我们以帮助别人作为对帮助我们的人的回报，这是公平的做人规则。所以做人一定要抛开自私，不能心中只有一个自己，应该在别人有困难的时候伸出援助之手。

19 世纪，在英国的哈罗学校，常常会发生以强凌弱、以大欺小的事情。

有一天，一个高个子男生拦住一个新生，他粗暴地命令那个新生替自己做事。新生刚来，不明白其中原委，断然拒绝。高个子恼羞成怒，一把揪住新生的领子，劈头盖脸地打起来，嘴里还骂道："你小子，为了让你聪明点，我得好好开导你！"新生虽痛得龇牙咧嘴，却不肯乞怜告饶。旁观的学生或冷眼相看，或起哄嬉笑，或一走了之。只有一个外表文弱的男生，看着这一幕，眼里渐渐涌出了泪水，终于忍不住嚷起来："你到底还要打他几下才肯放手！"

高个子朝那个又尖又细的抗议的声音望去，一看也是个瘦弱的新生，就恶狠狠地骂道："问这个干吗？"那个新生用含泪的眼睛盯着他，毫不畏惧地回答："不管你还要打几下，让我替他忍受一半的拳头吧。"高个子看着他的眼泪，听到这出人意料的回答，不禁羞愧地停住了手。

在现实生活中，每个人都有怯懦软弱的一面，不敢面对现实，不敢面对未来，不敢提出和坚持自己的正确主张，所以只能以失败告终。人与人之间并没有多大区别，只要你勇敢一点，大胆地去帮助别人，相信你终会有一个美好的结果。

帮助别人要顾及他的自尊

帮助别人离不开技巧。在具体的情景下，当你想帮助某个人时，你要注意具体方法，如何帮助才能使他能真正得到你的帮助。

一位商人在街头看到一个衣衫褴褛的铅笔推销员，心中顿生怜悯之情。他把1元钱扔进卖铅笔人的怀中,就走开了。

没走几步,商人忽然觉得,无缘无故给一个推销员1元钱似乎不妥,他赶忙折转身来,从卖铅笔人的摊位上拿起几支笔,很抱歉地解释说:“对不起,我忘了取笔了,希望你不要介意。”停了一会儿,商人又说:“你跟我都是商人,你有东西要卖,而且有明码标价。我给你1元钱,为什么就不肯拿铅笔呢？对不起,请你原谅我刚才的冒失。”

几年很快就过去了。在一个社交场合,一位穿着整齐的推销商迎上商人,他双手递上名片,并自我介绍说:“您可能已经忘记我了,虽然我不知道您的名字,但我永远忘不了您。您就是那个重新给了我自尊的人。我一直觉得自己是个推销铅笔的乞丐，直到您跑来告诉我，我是一个商人为止。谢谢您的指点！”

商人听了,露出满脸的笑容。

没想到商人简简单单的几句话，竟然帮助一个处境窘迫的人茅塞顿开,重新树立了自信,并且通过自己的努力终于取得了成功。向一个陷入困境的人伸出热情之手,给予他无私的帮助的确是重要的,但更为关键的是,我们还应让他意识到自己的自尊和价值——只有充分相信自己以后,才会有决心去摆脱磨难,去证明自己绝不是一个弱者。

不要降低别人的人格,不要伤害别人的自尊心。因为,只有尊重别人,别人才会永远感激你。你满足别人的精神需求,别人才会满足你的精神需求。

做人要保持一颗感恩的心

每个人从小到大,父母养育我们,师长教育我们,社会关心我们,我们每天都在接受。我们要如何回馈我们的父母、师长和社会大众呢?首先就要懂得感恩,有了感恩的心,就会奋发图强,追求成功,所以感恩之心很重要。

在一个“与成功者对话”的论坛上,一位听众请教台上的企业家:“您觉得一个人成功的秘诀是什么？”企业家没有讲一番大道理,而是告诉在座的各位:“保持一颗感恩的心。只要你对人对事对物保持一颗感恩的心，你一定会成功。”这段话赢得了阵阵掌声。

我们知道很多经典的书籍,它们都告诉你要有一颗感恩的心,可是很少有人一语道破，成功的秘诀就是要有一颗感恩的心。我们都要有一颗感恩的心，感谢别人的帮助。

一只松鼠在河边喝水，不小心滑到河里，在河边挣扎、大声呼救。这时正好猴子到河边喝水，看见松鼠在挣扎求生，于是捡起一枝树枝，丢给松鼠，松鼠就这样得救了。

有一天，猴子站在树枝上休息，被一个猎人发现了，猎人用猎枪瞄准了猴子。

看到这种情形，松鼠飞快地扑到猎人身上，在他的身上狠狠咬了一口，猎人疼得惨叫一声，子弹打到天上去了。

猴子看到松鼠不顾自己的安危，适时搭救，非常感激，就对松鼠道谢。松鼠说："要不是您在河边救了我，我早就被河水淹死了，我这辈子还不知道怎么谢您呢！"

又有一次，猴子在菜园里觅食，不小心掉进了陷阱里，它大声呼救。松鼠听见了，就把所有的同伴都叫来，大家齐心合力把它救了出来。

猴子再度向松鼠道谢，松鼠依然说："您救了我的命，我这辈子不知道怎么谢您呢！"

后来，猴子到处宣扬松鼠的好心，它说："松鼠的身体虽小，但它的感恩之心却是身体的千百万倍！"

滴水之恩当涌泉相报。不知感恩只会妨碍我们成功——越不知感恩，妨碍越大。

我们每个人都应该明白，生命的整体是相互依存的，每一样东西都依赖着其他东西。无论是父母的养育、师长的教诲、配偶的关爱、他人的服务、大自然的慷慨赐予……人自从有了自己的生命起，便沉浸在恩惠的海洋里。一个人真正明白了这个道理，就会感激大自然的福佑，感激父母的养育，感激社会的安定，感激食物的香甜，感激衣物的温暖，感激花草鱼虫甚至感激苦难逆境。

生命的意义在于爱人

我们做人到底拥有多少成功和快乐，这主要取决于我们到底付出了多少爱，又有多少东西在爱着我们。

做人最博大的自由是爱，做人最富有的财产也是爱。爱的领域无限宽广，因为它能到达一切才智难以到达的心灵彼岸。

美国几所医院做了实验，把新生婴儿分成两组。第一组每天都抱起来抚摸3次，每次10分钟；第二组完全不抚摸。结果，第一组体重增加的速度是第二组的2倍。这种治疗法有一个很长的医学专有名词，但是我们只需要一个字就可以涵盖它，那就是“爱”。如果没有爱，婴儿长得不健康；没有对孩子的爱，大人也一样痛苦。

人需要爱，世界需要爱。爱使世界相互联结，使世界成为人的世界。地球本是人居于其中的一个大家庭，“人”字的一撇一捺本身就意味着人与人的相互支撑。人要爱人，世界应该充满爱。有爱，世界才会充满盎然生机；有人爱，能爱人，我们才能品尝到生之欢乐，才能有不竭的生之热情，无爱的世界只是一片冷寂的荒漠。

美国一位大学教授和他的学生来到黑人贫民窟搞调查研究，其中有一个课题是预测该地区的250名黑人孩子将来的前途。学生们认真地做着报告，几天后，这份报告的结果出来了，但它令教授忧心忡忡。学生们在报告中预测，这250名黑人孩子将无所作为，只能成为社会的负担。

30年后，教授去世了，他的一位同事从他的档案中发现了当年的那份报告。这位同事在好奇心的驱使下，来到了当年的黑人贫民窟。他看到的事实却并没有报告的结论那么令人沮丧，相反，这里发生的一切让这位同事佩服得五体投地。原来被调查的250名黑人孩子中，除了18人离开故土，无最新消息外，其余的232人都成就斐然，他们当中有的人成了银行家，有的人成了大律师，有的人成了企业家，有的人成了著名影星。

教授的同事逐个采访了这232人，追问他们何以能成功？这些人说得最多的是：“应该感谢我的小学教师。”于是，同事费尽周折又找到了那位小学教师，此时，她已是白发苍苍的老人，说话不太清楚，可是有一句话能听懂：“I love these children（我爱这些孩子）。”

爱人者，人恒爱之；敬人者，人恒敬之。爱是一种活动的情感，不是静止的物体。爱能帮助我们成功，它是我们生活中一种很特殊的经验，想要拥有，最佳的办法是把它施舍给别人。诚如法国哲学家居友所说：“我们每个人都有很多的同情、很多的爱心，比维持我们生存所需要的多得多，我们应该把它施舍给别人，让每一个生命开花。”

每天为别人做一件善事

生活时时处处在启迪着人们:一个人价值的实现,不能只顾及自己个人生命和利益的存在，并且，它也不认可自己给自己的生存意义进行评判。个人不能离开他赖以生存的群体,不能离开由这么多群体所构成的社会。个人的生命价值是由他人、社会给予评判的,只有在一定的社会条件下,个人的人生价值才能得以体现。

因此,一个人在自己的人生征途中时刻不能脱离集体、社会,个人必须为大众、为社会承担责任,作出贡献,奉献自我。一个人只有超越自己生命的狭小圈子,而热心投入到社会之中,才有可能实现自己的人生价值。

从前有个国王,非常宠爱他的儿子。这位年轻的王子,过着衣来伸手、饭来张口的日子,要什么有什么。可是,他从来没有开心地笑过一回,常常是愁眉紧锁,郁郁寡欢。

有一天,一位魔术师走进王宫对国王说,他能让王子快乐起来。国王兴奋地说:“如果你能办成这件事,宫里的金银财宝随便你拿。”

魔术师带着王子进了一间密室，他用白色的东西在一张纸上写上一行透明的字,然后交给王子,并嘱咐他点亮蜡烛,看纸上会出现什么。说完,魔术师走开了。

年轻的王子在烛光的映照下，看见那些白色的字迹化做美丽的绿色字迹:“每天为别人做一件善事。”王子依此去做,不久,他果然成了一个快乐的少年。

有人之所以生活得有意义、快乐且有丰足感,是因为他能奉献,而不是处心积虑地只想占有。奉献给人一个实现自我的空间,因为他知道要努力工作,为社会服务,他知道他肩负一个帮助和安慰大众的使命。在那努力的目标之中,他发现了生活实现的空间。

一个人只要肯为别人奉献自我,他就会生活在快乐之中。如果一个人能够用爱心无偿地给予别人服务和帮助,他的生命一定会闪烁着光彩,充满着喜悦和快乐。

或许,我们做人的境界还没有达到一定的高度,但是我们如果长存乐善好施、成人之美的好心,这个世界又会减少多少忧伤和怨叹啊!

拥有一颗善良的心

世事有光明的一面,也有黑暗的一面,能始终用善意处世,黑暗的一面也常会被光明的心地所照耀,逐渐变得光明。

人性本是善良的,人能向善,人能为善。向善之心,人皆有之。人能向善,人才能使自己趋于美好;人能为善,人的世界才能趋于美好。

海伦·凯勒曾经写道:“任何人出于她的善良之心,说一句有益的话,发出愉快的笑声,或者为别人铲平不平的道路,这样的人就会感到他的欢欣是他自身极其亲密的部分,以致使他终生追求这种欢欣。”

一个中年妇女中午在家门口碰到三位老人,她上前对老人们说:“你们一定饿了,请进屋吃点东西吧!”

“我们不能一起进屋。”老人们说。

“为什么?”中年妇女不解。

一位老人指着同伴说:“他叫成功,他叫财富,我叫善良。你现在进屋和家人商量一下,看看需要我们当中哪一位?”

中年妇女进屋和家人商量后决定把善良请进屋。她出来对老人们说:“善良老人,请到我家来做客吧!”

善良老人起身向屋子走去,另两位叫“成功”和“财富”的老人也跟着进来了。中年妇女感到奇怪,问成功和财富:“你们怎么也进来了?”

老人们都回答说:“哪里有善良,哪里就有成功和财富。”

做人,素来讲求一颗善良的心。有了善良的心,思想也就纯洁无污。心志纯良,便不会做出奸诈险恶的事情,所以也不会受到外界的诱惑,而失去为人的准则,与别人同流合污。

虽然社会上充斥着罪恶,潜藏着一些陷阱,但是只要我们保存一颗善良的心,就能与邪恶之气对抗,并且扩大善良风气的影响力,社会上的恶性事件必然会减少。

要活在责任和义务里

米兰·昆德拉是闻名世界的大作家。他曾经说过:“一个人身上的担子越重,就越能感受到生活的充实与快乐。”这句名言的意思是:任何人注定都要承担一部分责任,创造一部分价值,担起生命的重任。事实证明,担子越重,脚印越深;脚印越深,步子越稳。这样,做起事情来才有质量,因为任何一个人都大有潜力可挖。

我国台湾著名国学大师耕云先生也反复强调一句话:“活在责任和义务里。”他在讲座时一再告诫学子们:每个人都是社会的一分子,要尽到对社会的责任和义务;同时所有人又是家庭的一分子,也要尽到对家庭的责任和义务。他说,如果我们每个人都能对社会和家庭尽到应尽的责任和义务,那么我们这个社会就少了许多纷争和掠夺,少了许多奸险和罪恶,而多了一些安宁和祥和。

松下是一个有责任感的人。他强烈的责任感缘于一件小事:有一天,正值盛夏,松下看见有人在陌生人家的自来水龙头下拼命地喝水,他于是有了一种责任感,希望做出像自来水一样廉价的商品,丰富人类的生活。而这种责任感改变了他,使他成为企业家,因此开拓了他的人生。

松下发现的水道哲学,现在早已成为松下电器和松下研究所的精神。松下研究所的名称是 PHP,第一个 P 是 Peace,代表和平;第二字母 H 是 Happiness,代表幸福;最后一个 P 是 Prosperity,代表繁荣。和平、幸福、繁荣是松下毕生的追求和希望。

人生活在这个世上,就必须承担他的责任,履行他的义务。

一个成功的人具有“五感”和“六力”。“五感”是:责任感、使命感、正义感、危机感、满足感。六力是:知识力、判断力、说服力、行动力、凝聚力、忍耐力。其中为人的责任感最重要,只要有了责任感,其他也就都有了。